謝 詞

首先要特別感謝瑪麗‧萊什琴斯基和她的丈夫路易十五，
他們發現了尼古拉‧史托雷的才華，
史托雷糕點店的輝煌歷史，以及歷久不衰成為偉大經典的傳奇配方，
這一切都要歸功於他。

感謝歷任店主滿懷熱情地代代相傳，
特別是 Liénard 先生和 Duthu 先生，他們用心保存這項傳承，並充滿信心地
將棒子交接到我們手中。

非常感謝陪伴我們製作史托雷第一本書的團隊。
不到六個月的時間就製作出如此精彩的書籍，實在太瘋狂了：
Sabine Houplain 和 Emmanuel Le Vallois、Eugénie Pont
和 Claire Pichon、Marion Pipart 和 Aude Le Pichon、Elvira Masson、Marine Billet、Chloé Tercé
和 Capucine Merkenbrack，Martin Bruno 和 Alexandre Guirkinger 拍攝的出色照片，
Marion Graux 和 Astrier de Villette 提供雅緻的餐盤，以及史托雷全體團隊。

史托雷糕點店

非常感謝蒙特格伊區的忠實朋友們：
永遠少不了 Marco 提供的咖啡因、Jean-Luc 幫忙尋找配件、Éric 供應水果，
以及 A. Simon 出借器材。

感謝多菲家族，特別是對製作本書充滿信心的 Steve，
打從一開始就捍衛這項計畫，Étienne 的寶貴建議也讓我成長許多。

感謝我的糕點團隊的幕後支援，謝謝 Marie Repoux 為本書的投入並帶來愉快氛圍，
也謝謝 Vincent Bagnoli 在資訊方面的小建議。

謝謝 Sophie Dubost 陪我書寫的漫長時間，
謝謝 Claire Pichon 和 Eugénie Pont 將我的文字改寫成食譜形式的高超功力。

最後要特別感謝我太太對我無怨無悔的支持。

——傑弗瑞‧卡尼

巴黎百年名店史托雷

主廚傑弗瑞‧卡尼甜點之書

LE
LIVRE
DE
PÂTISSERIE
STOHRER
PAR
JEFFREY
CAGNES

傑弗瑞‧卡尼（JEFFREY CAGNES）著

攝影

馬汀‧布魯諾（MARTIN BRUNO）&
亞歷山德‧奎爾金格（ALEXANDRE GUIRKINGER）

史托雷自 1730 年起便矗立在蒙特格伊街 51 號，
是巴黎歷史最悠久的糕點店。

目　錄

永遠的史托雷（STOHRER）

艾維拉・麥森（Elvira Masson）／撰文

鏗鏘有力的三個字，充滿傳奇的名字，還有歷史悠久的招牌，至今仍以無人可及的姿態，象徵傳統經典甜點的出眾與亙久。少了尼古拉・史托雷（Nicolas Stohrer）這位不平凡的男子，這家巴黎最古老（1730 年創立）的糕點店就不會存在。斯坦尼斯瓦夫・萊什琴斯基（Stanislas Leszczynski）是前波蘭國王暨洛林公爵，女兒瑪麗・萊什琴斯基（Marie Leszczynski）即日後路易十五的妻子。尼古拉・史托雷曾擔任這位國王的糕點師，在事業扶搖直上的一生中發明了許多甜點，至今仍歷久不衰。

蘭姆巴巴（baba au rhum）就是他的創作，由來是國王斯坦尼斯瓦夫覺得咕咕洛夫（kouglof）太乾了，糕點師史托雷便淋上托凱甜酒（Tokay）或馬拉加酒（Málaga），後來才改為使用蘭姆酒。他的貢獻還包括將其他許多經典法式甜點系統化，其中包括希布斯特塔（la tarte Chiboust）、愛之井（puits d'amour），以及老式修女泡芙（religieuse a l'ancienne）。在負責店舖甜鹹點心命運的現任主廚傑弗瑞・卡尼（Jeffrey Cagnes）的嚴格要求下，店內多年來廣受喜愛的常駐品項更加盡善盡美。

史托雷看待甜點這一行的眼光也極富前瞻性。在蒙特格伊街（rue Montorgueil）成立店舖時，他將泡芙麵糊變化出各種造型，創造出現代化甜點業的形式。不僅如此，他更在單一店面中集結了此前各自為政的技藝與行業——不只糕點師，更有糖果師傅、烏布利酥餅師傅、蛋糕師傅、香料蛋糕師傅、華夫餅師傅⋯⋯隨著尼古拉・史托雷的出現，糕點師不只是單純製作各種「烘焙鹹食」，而是擁抱甜食的所有面向。當然啦，他也沒忘了自己的得意創作——令全巴黎把蒙特格伊街 51 號的店面擠得水洩不通的皇后一口酥（bouchees a la reine）。

史托雷在 2017 年的曝光度極高，因為當時的店主決定轉移經營權，交棒給巴黎最古老巧克力店龍頭「À la Mère de Famille」的多菲（Dolfi）家族，後者的店舖就在蒙特格伊街 51 號正對面。

「自 1730 年以來從沒換過店址，也沒轉換跑道或產業，這可真是了不起。史托雷的歷史、裝潢、食譜大全，一切都深深吸引我們，不到一個禮拜我們就決定接手了。」滿心興奮的史蒂夫・多菲（Steve Dolfi）回憶道：「一想到能品嘗和路易十五時期一樣的蘭姆巴巴，實在太魔幻了。關鍵就在只販售最傳統的糕點，但是要以現代的高標準執行。這就是傑弗瑞以絕妙手藝與驚人天賦才能達成的任務。」

店內金碧輝煌的華麗裝飾，
是保羅・波德里（Paul Baudry）於 1864 年所繪製。

經典手藝的大師——
傑弗瑞・卡尼（Jeffrey Cagnes）

傑弗瑞・卡尼是法式古典主義的捍衛者，他的精彩經歷帶有強烈的史托雷色彩，因為他就是在史托雷糕點店當學徒，後來接棒成為主廚：「這家店在我很年輕時向我敞開大門，培育我，幾乎不放我走了！」

你一定要看看卡尼組裝老式修女泡芙的模樣，這款大型節慶裝置甜點是在沙布雷（pate sablée）底座上，立起手工擠花、填餡、上翻糖的閃電泡芙，非常壯觀；或是以燒紅的古老鐵片炙燒每一個愛之井。「在我眼中，史托雷的豐饒無與倫比，幾乎難以用文字述說。」

問到史托雷是否多少令他的個人糕點創意受限時，傑弗瑞謙虛地回答：「配方是誰發明的並不重要，如果想法成熟就會理解這一點。最重要的是工作的態度、手藝和技術的傳承、對完美的要求，追求對我們而言能夠呈現史托雷傳統的一切精髓。顧客期待的是記憶中的滋味，而不是主廚的自我。」

在實作上，這點展現在改良、改變技術，但絕不冒險使配方走味，傑弗瑞補充道：「我覺得自己要對這份傳承負責。」他減少檸檬塔中的糖，使酸度更突出，並改良巧克力閃電泡芙那傳說中的奶霜，後者在史托雷的暢銷度僅次於蘭姆巴巴。

過去閃電泡芙是在甜點奶餡中加入苦味濃重的甘納許，有時會導致奶霜產生些許顆粒，油水分離；傑弗瑞以 À la Mère de Famille 的覆蓋巧克力（chocolat de couverture）（註）與可可膏，取代了原本的內餡來製作巧克力奶霜。

遵循傳統的同時，也不斷追求卓越，這就是傑弗瑞・卡尼的精神。「我何其有幸，能夠與這個鍾情經典糕點準則的家族相遇，不需太多言語就能彼此心領神會。」

註：一種高可可脂含量的巧克力，經調溫後可作為巧克力批覆與飾片，製作內餡時則不需經過調溫。

史托雷糕點主廚傑弗瑞·卡尼。

LES BABAS
巴巴

---

4 道搭配精美圖片的配方

1 款經典配方   3 款創意變化

RHUM

CHOCOLAT
FRUITS EXOTIQUES
et le
BABA TATA

蘭姆巴巴·巧克力巴巴·熱帶水果巴巴·阿姨的巴巴

經典配方的步驟分解圖
見第 16 ～ 17 頁

BABA AU RHUM DE LA MAISON STOHRER
史托雷的蘭姆巴巴

蘭姆巴巴的歷史與史托雷店舖的歷史密不可分，因為正是尼古拉·史托雷本人靈光一閃，將口感過乾的咕咕洛夫浸入蘭姆酒糖漿中，讓雇主波蘭國王斯坦尼斯瓦夫·萊什琴斯基能夠開心享用。糕點師史托雷在巴黎開店時，巴巴立刻廣受巴黎人喜愛。巴巴源自波蘭，是咕咕洛夫這款糕點家族的晚輩，其配方長久以來都是含有果乾的，不過今日的巴巴，較傾向使用精心製作的布里歐修麵團當作簡單的基底。那麼，糕點師面臨的挑戰是什麼呢？那就是完成的巴巴必須結構紮實，不能在浸泡糖漿後就碎裂解體，同時又要香軟濕潤，以免品嘗時出現乾燥的口感。傑弗瑞說：「以前我很喜歡製作巴巴，揉巴巴麵團的手法相當獨特，讓我吃足苦頭呢！當年在史托雷擔任要職負責製作巴巴的前員工，將這項手藝傳授給我。巴巴的配方不同於其他食譜，深入史托雷店舖的基因，我幾乎沒有更動，僅稍微減少糖量，以符合今日的消費者口味。」

分　　量 10 人
製作時間 1 hr 15 mins
靜置時間 約 1 hr
烘烤時間 20 mins

巴巴麵團
● 麵粉 400g
● 精鹽 10g
● 細白砂糖 18g
● 新鮮酵母 20g
● 蛋 5 顆
● 冷水 100g
● 冰涼奶油 120g ＋少許塗抹模具

浸漬用蘭姆糖漿
● 細白砂糖 500g
● 水 1L
● 深色蘭姆酒 200g

香草香緹鮮奶油（chantilly）
● 打發用鮮奶油 500g
● 馬斯卡彭乳酪 50g
● 糖粉 30g
● 1 根香草莢分量的香草籽

鏡面果膠
● 市售加熱使用的鏡面果膠或杏桃果醬 200g（使用果醬需加入 10% 的水）

裝飾
● 乾燥香草粉 2g

工具
● 直徑 18cm 薩瓦蘭（savarin）蛋糕模
● L 型抹刀
● 擠花袋
● 15 號圓形花嘴
● 聖多諾黑花嘴

巴巴麵團
麵粉過篩倒入攪拌盆中，加入鹽、糖和酵母，以攪拌勾快速混合。加入蛋混合攪打，再倒入水。充分攪拌麵團使其出筋（產生彈性），麵團會變得光滑且不沾粘攪拌盆。最後加入切丁的冰涼奶油，充分攪拌混合後，裝入塗了奶油的蛋糕模至半滿，靜置室溫發酵膨脹至與烤模齊高。烤箱預熱至 180°C，烘烤約 20 分鐘。將巴巴脫模放在網架上，冷卻後即可浸漬在糖漿中。

浸漬用蘭姆糖漿
香草香緹鮮奶油
組裝和裝飾
☞ 見下頁的步驟分解

浸漬用蘭姆糖漿

1. 將糖和水放入鍋中煮至沸騰。加入蘭姆酒。將巴巴浸入溫熱的糖漿中。

2. 輕壓巴巴，使其完全浸泡，充分吸收糖漿。

3. 小心取出巴巴，放在網架上瀝乾。

1　　　　　　　　　　　2　　　　　　　　　　　3

香草香緹鮮奶油

4. 將所有材料放入調理盆，以打蛋器或攪拌機打發鮮奶油。

5. 充分打發香緹鮮奶油至輕盈後，填入擠花袋。

4   5   6

組裝 & 裝飾

6. 巴巴浸漬糖漿後,即可進行裝飾。將巴巴放在網架上,用大勺淋上鏡面果膠。果膠必須略為加溫至 40℃,否則會難以操作。

7. 以圓形花嘴將香草香緹鮮奶油<u>填滿巴巴的中空處</u>,並用抹刀抹平表面。

8. 以聖多諾黑花嘴在巴巴上方<u>擠滿漂亮的玫瑰花形</u>,再<u>撒上乾燥香草粉</u>即完成。

7   8

BABA AU CHOCOLAT
巧克力巴巴

製作時間
1 hr 30 mins

靜置時間
12 hrs + 1 hr

烘烤時間
20 mins

分量 10 人

占度亞香緹鮮奶油
（前一天製作）
- 打發用鮮奶油 500g
- 占度亞（gianduja）巧克力 250g
- 鹽之花 3g

巴巴麵團
- 麵粉 360g
- 可可粉 40g
- 精鹽 10g
- 細白砂糖 18g
- 新鮮酵母 20g
- 蛋 5 顆
- 冷水 100g
- 冰涼奶油 120g +少許塗抹模具

可可糖漿
- 細白砂糖 150g
- 水 250g
- 可可粉 50g
- 64% 可可含量
  黑巧克力 50g，切碎

浸漬用巧克力干邑糖漿
- 可可糖漿 500g
- 水 1L
- 干邑白蘭地 200g

巧克力淋面
- 細白砂糖 150g
- 葡萄糖漿 150g

- 煉乳 100g
- 水 80g
- 55% 可可含量
  黑巧克力 150g，切碎
- 吉利丁片 8g

裝飾
- 可可碎粒少許

工具
- 直徑 18cm 薩瓦蘭蛋糕模
- 擠花袋
- 15 號圓形花嘴
- 20 號星形花嘴

占度亞香緹鮮奶油
鮮奶油煮沸後淋在占度亞巧克力和鹽之花上，混合均勻冷藏備用。

巴巴麵團
麵粉過篩倒入攪拌盆，加入精鹽、糖和酵母，以攪拌勾快速混合。加入蛋混合攪打，接著倒入水。充分攪拌麵團使其出筋（產生彈性），麵團會變得光滑且不沾粘攪拌盆。最後加入切丁的冰涼奶油，充分攪拌混合。將麵團倒入塗了奶油的蛋糕模至半滿，靜置室溫發酵膨脹至與烤模齊高。烤箱預熱

至 180℃，烘烤約 20 分鐘。將巴巴脫模放在網架上，冷卻後即可浸漬在糖漿中。

可可糖漿
將糖和水放入鍋中煮至沸騰。放入可可粉和切碎的巧克力混合攪拌，備用。

浸漬用巧克力干邑糖漿
將可可糖漿和水放入鍋中煮至沸騰。倒入干邑白蘭地，將巴巴輕壓泡入糖漿，使其完全浸泡其中，充分吸收。

巧克力淋面
以少許冰水泡軟吉利丁。糖、葡萄糖漿、煉乳、水放入鍋中加熱，沸騰時放入瀝乾的吉利丁和切碎的巧克力。

組裝 & 裝飾
瀝乾巴巴，放入冷凍庫 20 分鐘使其冰透。取出放在網架上，均勻澆上淋面，以少許可可碎粒裝飾。打發占度亞鮮奶油成為紮實的占度亞香緹鮮奶油，填入擠花袋，用圓形花嘴擠滿巴巴中央，再用星形花嘴在巴巴上方擠出漂亮的螺旋造型。依個人喜好裝飾即完成。

BABA AUX FRUITS EXOTIQUES
熱帶水果巴巴

製作時間	靜置時間	烘烤時間
1 hr 30 mins	約 1 hr	20 mins

分量 10 人

巴巴麵團
- 麵粉 400g
- 精鹽 10g
- 細白砂糖 18g
- 青檸皮屑 5 顆的分量
- 新鮮酵母 20g
- 蛋 5 顆
- 冷水 100g
- 冰涼奶油 120g ＋少許塗抹模具

浸漬用百香果糖漿
- 細白砂糖 500g
- 水 500g
- 百香果汁 500g
- 馬里布椰子蘭姆酒（Malibu®）100g
- 青檸皮屑 1 顆的分量
- 深色蘭姆酒 200g

熱帶水果細丁
- 芒果 1 顆
- 百香果 1 顆
- 維多利亞（Victoria）鳳梨半顆
- 青檸 1 顆

香草香緹鮮奶油
- 打發用鮮奶油 500g
- 馬斯卡彭乳酪 50g
- 糖粉 30g
- 1 根香草莢分量的香草籽

裝飾
- 新鮮水果切小丁

工具
- 直徑 18cm 薩瓦蘭蛋糕模
- 擠花袋
- 15 號圓形花嘴
- 20 號星形花嘴

巴巴麵團
麵粉過篩倒入攪拌盆，加入精鹽、糖、青檸皮屑和酵母，以攪拌勾快速混合。加入蛋混合攪打，接著倒入水。充分攪拌麵團使其出筋（產生彈性），麵團會變得光滑，不沾粘攪拌盆。最後加入切丁的冰涼奶油，充分攪拌混合。<u>麵團倒入塗奶油的蛋糕模至半滿，靜置室溫發酵膨脹至與烤模齊高。烤箱預熱至 180℃，烘烤約 20 分鐘。將巴巴脫模放在網架上，冷卻後即可浸漬在糖漿中。</u>

浸漬用百香果糖漿
將蘭姆酒以外的所有材料放入鍋中煮至沸騰。倒入蘭姆酒，將巴巴輕壓泡入糖漿，使其完全浸泡其中，充分吸收。

熱帶水果細丁
水果切成細丁。拌入青檸皮屑，備用。

香草香緹鮮奶油
所有材料放入攪拌盆，攪拌機裝上攪拌球，打發鮮奶油。

組裝 & 裝飾
瀝乾巴巴，中央放入水果細丁至半滿。以圓形花嘴擠花袋填入香緹鮮奶油後抹平，再用星形花嘴在巴巴上方擠出漂亮的螺旋造型。放上少許新鮮水果丁即完成。

這道巴巴的組成有如雞尾酒，食譜靈感來自鳳梨可樂達（Piña colada）。

BABA TATA
阿姨的巴巴

「這款巴巴代表我的阿姨！這道配方結合了她最喜愛的甜點（巴巴）和飲品——
摩洛哥的席巴茶（chiba），也就是名聞遐邇的薄荷茶搭配苦艾酒的版本。
喝茶的習慣，是她心懷愛意傳承給我五位表姊妹的傳統。」

分　　量 10 人
製作時間 1 hr 15 mins
靜置時間 12 hrs ＋ 1 hr 20 mins
烘烤時間 20 mins

新鮮薄荷香緹鮮奶油
（前一天製作）
● 打發用鮮奶油 500g
● 細白砂糖 50g
● 新鮮薄荷葉 6 片

巴巴麵團
● 麵粉 400g
● 精鹽 10g
● 細白砂糖 18g
● 黃檸檬皮屑 2 顆的分量
● 新鮮酵母 20g
● 蛋 5 顆
● 冷水 100g
● 龍蒿葉 10 片
● 冰涼奶油 120g ＋少許塗抹模具

浸漬用薄荷苦艾酒糖漿
● 水 1L
● 黃砂糖 500g
● 波本香草莢 1 根
● 新鮮薄荷葉 30 片
● 苦艾酒（absinthe）200ml

裝飾
● 乾燥薄荷葉 5 片，打成粉狀
● 新鮮薄荷葉少許

工具
● 直徑 4cm 的巴巴模具 10 個

新鮮薄荷香緹鮮奶油
將鮮奶油和糖放入鍋中煮至沸
騰後，加入薄荷葉浸泡 20 分
鐘，過濾後冷藏至少 12 小時。
使用前以攪拌器打發成香緹鮮
奶油。

巴巴麵團
麵粉過篩倒入攪拌盆，加入精
鹽、糖、黃檸檬皮屑和酵母，
以攪拌勾快速混合。加入蛋混
合攪打，接著倒入事先與龍蒿
葉以均質機均質過的水。充
分攪拌麵團使其出筋（產生彈
性），麵團會變得光滑且不沾
粘攪拌盆。最後加入切丁的冰
涼奶油，充分攪拌混合。麵團
倒入塗奶油的巴巴模具至半滿
（每個模具 50g，因此會有剩
餘），靜置室溫發酵 30 分鐘，
使其膨脹至與烤模齊高。烤

箱預熱至 180°C，烘烤約 20 分
鐘。將瓶塞狀的巴巴脫模放在
網架上，冷卻後即可浸漬在糖
漿中。

浸漬用薄荷苦艾酒糖漿
鍋中倒入一半分量的水，放入
糖、香草籽及香草莢煮至沸
騰。離火，加入薄荷浸泡 20
分鐘。過濾後，加入剩下的水
和苦艾酒。

組裝 & 裝飾
將巴巴輕壓泡入溫熱的糖漿，
使其完全浸泡其中，充分吸
收。巴巴放入深盤，打發的香
緹鮮奶油擠在盤緣。撒上乾燥
薄荷葉，以新鮮薄荷葉裝飾即
完成。

享用前將剩餘的糖漿
淋在巴巴上，
向阿姨傳承下來的
飲茶習慣致敬。

LES SAINT - HONORÉ
聖多諾黑

---

4 道搭配精美圖片的配方

---

1 款經典配方

3 款創意變化

VANILLE
CHOCOLAT
POMME-CHIBOUST
et
MA SAINTE-HONORÉE

香草聖多諾黑 · 巧克力聖多諾黑 · 蘋果希布斯特聖多諾黑 · 我的聖多諾黑

經典配方的步驟分解圖
見第 30 ～ 31 頁

SAINT-HONORÉ VANILLE
香草聖多諾黑

製作時間	靜置時間	烘烤時間
2 hrs 25 mins	6 hrs 30 mins	55 mins

分量 8 人

反折千層麵團

（分量多於實際所需）

油麵團
- 室溫摺疊用奶油（beurre sec）330g
- T55 麵粉 130g

水麵團
- 鹽 8g
- 水 125g
- 白醋 3g
- 奶油 100g，切小塊
- T55 麵粉 300g
  ＋少許工作檯防沾用

烘烤
- 糖粉適量

泡芙麵糊
- 鹽 4g
- 細白砂糖 6g
- 奶油 100g，切小塊
- 牛奶 100g
- 水 100g
- T55 麵粉 120g
- 全蛋 230g

香草香緹鮮奶油
- 打發用鮮奶油 500g
- 馬斯卡彭乳酪 50g
- 糖粉 30g
- 1 根香草莢分量的香草籽

香草甜點奶餡
- 牛奶 250ml
- 細白砂糖 60g
- 香草莢 2 根
- 蛋黃 50g
- T55 麵粉 20g
- 玉米澱粉 15g

焦糖
- 水 100g
- 細白砂糖 500g
- 葡萄糖漿 150g

裝飾
- 乾燥香草粉適量

工具
- 直徑 28cm 圈模
- 擠花袋
- 11 號圓形花嘴
- 尖嘴花嘴
- 聖多諾黑花嘴
- 直徑 3cm 的半圓多連模

反折千層麵團

油麵團 以矽膠刮刀或裝攪拌葉片的攪拌機，將室溫軟化的奶油攪拌均勻。加入麵粉。注意，混合時不可使麵團升溫或乳化。麵團放在兩張烘焙紙之間，擀成 25×45cm 的長方形。冷藏鬆弛 1 小時。

水麵團 調理盆中放入冷水（18～20℃），加入鹽使其溶化，再放入白醋與奶油塊。攪拌機裝攪拌勾，放入麵粉和調理盆中的混合材料，攪拌成質地均勻的麵團。將水麵團擀成邊長約 25cm 的正方形，以保鮮膜包起，冷藏鬆弛 1 小時。

折疊 將水麵團置中放在油麵團上，折起油麵團，使其完全包覆水麵團，再擀成厚度 1cm 的帶狀。調整麵團在工作檯上的方向，將短邊朝自己。分別將麵團的上下方往中央折，兩邊的麵團邊緣要間隔 2cm。接著從中央對折，形成四層的正方形麵團，如此便完成一次雙折。再次冷藏鬆弛 1 小時後，將麵團擀成厚度 1cm 的長方形。重複前述步驟，完成第二次雙折。以保鮮膜包起麵團，冷藏 2 小時。接著進行單折（從上方 1/3 處將麵團往中央折，下方 1/3 則蓋在前者之上，形成三層麵團而非四層）。將麵團擀至厚度 0.3cm，冷藏鬆弛 30 分鐘。

整形與烘烤 麵團切割成直徑 28cm 的圓片，冷藏鬆弛 1 小時。烤箱預熱至 180℃，圓片放入烤盤，上方另放一個烤盤加壓，烘烤約 30 分鐘。即將出爐前，（可利用濾茶網）均勻撒上糖粉，以 250℃ 烘烤 1 分鐘使其焦糖化。

泡芙麵糊

奶油塊、糖和鹽放入牛奶和水中加熱融化，煮至沸騰離火，加入已過篩的麵粉，以木勺攪拌至麵糊不沾粘鍋子後，倒入調理盆。快速打散蛋液，分次少量倒入，混合至滑順柔軟。烤箱預熱至 180 ～ 200℃。烤盤略塗奶油，以圓形花嘴擠出 15 ～ 20 個直徑 2cm 的泡芙麵糊。烘烤 20 ～ 25 分鐘，期間不可打開烤箱門。

28. — Saint-honoré.

香草香緹鮮奶油

將所有材料放入裝了攪拌球的攪拌機中，打發成香緹鮮奶油。使用前冷藏備用。

香草甜點奶餡

將牛奶、一半分量的糖、剖半取籽後的香草莢與香草籽一同煮至沸騰。將蛋黃和剩餘的糖攪打至顏色變淺，並加入麵粉和玉米澱粉。取出牛奶中的香草莢，倒入少許煮沸的牛奶到麵糊中，以打蛋器混合均勻，再倒回鍋內混合。煮沸 3 分鐘，過程中要不斷攪打。將完成的香草甜點奶餡倒入容器，以保鮮膜直接貼附表面，冷藏 2 小時。

焦糖

糖、水、葡萄糖漿放入鍋中，加熱成琥珀色的焦糖，稍後作為泡芙的糖衣。

組裝 & 裝飾

☞ 見下頁的步驟分解

聖多諾黑是最具技術性的巴黎甜點之一，
因為集結了所有甜點的基礎：
反折千層、泡芙麵糊、香緹鮮奶油、甜點奶餡以及焦糖。

折疊千層麵團時，我建議使用摺疊用奶油，
可在烘焙專門店購買。

1   2   3

組裝 & 裝飾

1. 取烤好的千層圓片，擠花袋裝上圓形花嘴，<u>擠出螺旋狀甜點奶餡</u>，在距離邊緣 1cm 處停止。

2. 使用尖嘴花嘴<u>在泡芙底部穿孔</u>。

3. <u>填滿甜點奶餡</u>。

4. 將填滿內餡的泡芙上半部沾浸在焦糖中，<u>裹上糖衣</u>。

4   5   6

5. 將泡芙的焦糖面朝下，放入半圓多連模，使焦糖表面光整。

6. 沿著千層圓片邊緣排放一圈泡芙，擠花袋裝上聖多諾黑花嘴，在每一顆泡芙之間擠上瓣狀香緹鮮奶油。

7. 繼續將鮮奶油擠至聖多諾黑的中央。

8. 在中央放上最後一顆泡芙，最後撒上乾燥香草粉即完成。

7   8

SAINT-HONORÉ AU CHOCOLAT
巧克力聖多諾黑

製作時間	靜置時間	烘烤時間
3 hrs	12 hrs + 6 hrs 30 mins	1 hr 10 mins

分量 8 人

巧克力奶霜（前一天製作）
- 室溫蛋黃 40g
- 細白砂糖 30g
- 牛奶 100g
- 打發用鮮奶油 100g
- 黑巧克力 120g，切小塊

香緹鮮奶油（前一天製作）
- 打發用鮮奶油 500g
- 牛奶巧克力 200g

可可反折千層麵團
（分量多於實際所需）
油麵團
- 室溫摺疊用奶油 300g
- 可可粉 70g
水麵團
- 鹽 7g
- 水 170g
- 白醋 1 小匙
- 奶油 100g，切小塊
- 精白高筋麵粉 370g
烘烤
- 糖粉適量

泡芙麵糊
- 鹽 4g
- 細白砂糖 6g
- 奶油 100g，切小塊
  ＋少許烤盤防沾用

- 牛奶 100g
- 水 100g
- T55 麵粉 120g
- 全蛋 230g

巧克力淋面
- 黑巧克力 200g

裝飾
- 可可粉適量

工具
- 直徑 28cm 圈模
- 擠花袋
- 10 號圓形花嘴
- 12 號圓形花嘴
- 15 號圓形花嘴
- 聖多諾黑花嘴

巧克力奶霜
蛋黃加糖打至泛白。牛奶和鮮奶油倒入鍋中煮至沸騰，一部分倒入蛋黃液中，以打蛋器混合後再全部倒回鍋中。再度加熱，並以矽膠刮刀不斷攪拌，直到溫度達 85℃。如果沒有溫度計，煮至蛋奶液會裹住湯匙即可（手指劃過裹滿蛋奶液的湯匙可留下清晰的痕跡）。離火，加入巧克力塊，用手持均

質機均質，巧克力奶霜的質地必須均勻滑順。以保鮮膜直接貼附表面，冷藏 12 小時。

巧克力香緹鮮奶油
鮮奶油放入鍋中煮至沸騰，倒入巧克力塊，以木勺攪拌至巧克力完全融化。巧克力鮮奶油冷卻後，以保鮮膜直接貼附表面，冷藏 12 小時。

可可反折千層麵團
油麵團　以矽膠刮刀或裝攪拌葉片的攪拌機，將室溫軟化的奶油攪拌均勻。加入可可粉。注意，混合時不可使麵團升溫或乳化。油麵團放在烘焙紙上，擀成 30×20cm 的長方形。冷藏鬆弛 1 小時。
水麵團　調理盆中放入冷水（18～20℃），加入鹽使其溶化，然後放入白醋與奶油塊。攪拌機裝攪拌勾，放入麵粉和調理盆中的混合材料，攪拌成質地均勻的麵團。將水麵團擀成 15×20cm 的長方形，以保鮮膜包起，冷藏鬆弛 1 小時。
折疊　將水麵團置中放在油麵團上，然後折起油麵團，完全覆蓋水麵團。將麵團擀成厚度

1cm 的帶狀。讓麵團的短邊朝向自己，分別將麵團的上下方往中央折，兩邊的麵團邊緣要間隔 2cm。接著從中央對折，形成四層的正方形麵團，如此便完成一次雙折，再次冷藏鬆弛 1 小時。麵團擀成厚度 1cm 的長方形。重複前述的步驟，完成第二次雙折。以保鮮膜包起麵團，冷藏 2 小時。接著進行單折（從上方 1/3 處將麵團往中央折，下方 1/3 則蓋在前者之上，形成三層麵團而非四層）。擀至厚度 0.3cm，冷藏鬆弛 30 分鐘。

整形與烘烤 麵團切割成直徑 28cm 的圓片。冷藏鬆弛 1 小時。烤箱預熱至 180℃。圓片放入烤盤，上方另放一個烤盤加壓烘烤約 30 分鐘。即將出爐前，（可利用濾茶網）均勻撒上糖粉，以 250℃ 烘烤 1 分鐘使其焦糖化。

泡芙麵糊
奶油塊、糖和鹽放入牛奶和水中加熱融化，煮至沸騰。離火加入已過篩的麵粉。以木勺攪拌至麵糊不沾粘鍋子後，倒入調理盆。快速打散蛋液，少量多次倒入麵糊中，混合至滑順柔軟。烤箱預熱至 180～200℃。烤盤略塗奶油，擠花袋裝 15 號圓形花嘴，擠出 17 個泡芙麵糊。烘烤 30～40 分鐘，期間不可打開烤箱門。

巧克力淋面
巧克力放入調理盆，隔水加熱融化，使其升溫至 50℃，接著將盆移入裝滿冰塊和水的容器中，使巧克力降溫至 27℃，再次隔水加熱至 32℃，即可完成淋面。

組裝 & 裝飾
泡芙底部戳孔後，擠花袋裝上 10 號圓形花嘴，填入巧克力奶霜內餡。擦去多餘的奶霜，使外觀乾淨整潔。淋面準備好時，將泡芙上方浸入。取出泡芙，維持上下顛倒的狀態，滴落多餘的巧克力。用手指抹去周圍的巧克力，使外觀乾淨俐落。靜置冷卻至巧克力變硬。擠花袋裝上 12 號圓形花嘴，填入巧克力奶霜，從千層圓片中心開始擠出螺旋狀奶霜，在距離邊緣 1cm 處停止。沿著圓片邊緣，緊貼著巧克力奶霜放上 16 顆泡芙。香緹鮮奶油打發至緊實後，擠花袋裝上聖多諾黑花嘴，填入巧克力香緹鮮奶油，由外往內擠出瓣狀香緹鮮奶油至中央。中心擺上最後一顆泡芙，表面撒滿可可粉。冷藏至食用前。

SAINT-HONORE POMME-CHIBOUST
蘋果希布斯特聖多諾黑

製作時間
3 hrs 30 mins

靜置時間
6 hrs 30 mins

烘烤時間
55 mins

分量 8 人

反折千層麵團
（分量多於實際所需）
油麵團
- 室溫摺疊用奶油 330g
- T55 麵粉 130g

水麵團
- 鹽 8g
- 水 125g
- 白醋 3g
- 奶油 100g，切小塊
- T55 麵粉 300g
  ＋少許工作檯防沾用

烘烤
- 糖粉適量

蘋果白蘭地火焰蘋果
- 金冠蘋果（Golden）250g
- 蘋果白蘭地 25g

泡芙麵糊
- 鹽 4g
- 細白砂糖 6g
- 奶油 100g，切小塊
  ＋少許塗烤盤防沾
- 牛奶 100g
- 水 100g
- T55 麵粉 120g
- 全蛋 230g

希布斯特（Chiboust）奶餡
- 牛奶 125g
- 香草莢 1 根
- 蛋黃 60g
- 細白砂糖 ❶ 25g
- 卡士達粉 12g
- 吉利丁片 4g
- 水 24g
- 細白砂糖 ❷ 100g
- 蛋白 100g

焦糖
- 水 100g
- 細白砂糖 500g
- 葡萄糖漿 150g

裝飾
- 砂糖

工具
- 直徑 28cm 圈模
- 直徑 22cm 圈模
- 溫度計
- 擠花袋
- 11 號圓形花嘴
- 14 號圓形花嘴
- 噴槍

反折千層麵團
油麵團 以矽膠刮刀或裝攪拌葉片的攪拌機，將室溫軟化的奶油攪拌均勻。加入麵粉。注意，混合時不可使麵團升溫或乳化。麵團放在兩張烘焙紙之間，擀成 25×45cm 的長方形。冷藏鬆弛 1 小時。

水麵團 調理盆中放入冷水（18～20℃），加入鹽使其溶化，再放入白醋與奶油塊。攪拌機裝攪拌勾，放入麵粉和調理盆中的混合材料，攪拌成質地均勻的麵團。將水麵團擀成邊長約 25cm 的正方形，以保鮮膜包起，冷藏鬆弛 1 小時。

折疊 將水麵團置中放在油麵團上，折起油麵團，使其完全包覆水麵團，再擀成厚度 1cm 的帶狀。讓麵團的短邊朝向自己，分別將麵團的上下方往中央折，兩邊的麵團邊緣要間隔 2cm。接著從中央對折，形成四層的正方形麵團，如此便完成一次雙折，再次冷藏鬆弛 1 小時。麵團擀成厚度 1cm 的長方形，重複上述步驟，完成第二次雙折。以保鮮膜包起麵

團，冷藏 2 小時。製作一次單折（從上方 1 / 3 處將麵團往中央折，下方 1 / 3 則蓋在前者之上，形成三層麵團而非四層）。擀至厚度 0.3cm，冷藏鬆弛 30 分鐘。

整形與烘烤 麵團切割成直徑 28cm 的圓片，冷藏鬆弛 1 小時。烤箱預熱至 180℃，圓片放入烤盤，上方另放一個烤盤加壓烘烤約 30 分鐘。即將出爐前，（可利用濾茶網）均勻撒上糖粉，以 250℃ 烘烤 1 分鐘使其焦糖化。

火焰蘋果泥

蘋果切塊，放入湯鍋或平底鍋熱煎，再加入蘋果白蘭地炙燒，形成香氣撲鼻的果泥。冷藏備用。

泡芙麵糊

奶油塊、糖和鹽放入牛奶和水中加熱融化，煮至沸騰後離火，加入已過篩的麵粉。以木勺攪拌至麵團不沾鍋子後，倒入調理盆。快速打散蛋液，少量多次倒入麵糊中，混合至滑順柔軟。烤箱預熱至 180 ～ 200℃。烤盤略塗奶油，擠花袋裝上 11 號圓形花嘴，<u>擠出 15 ～ 20 個直徑 2cm 的泡芙麵糊</u>。烘烤 20 ～ 25 分鐘，期間不可打開烤箱門。

希布斯特奶餡

以少許冰水泡軟吉利丁。牛奶和香草籽及剖半取籽後的香草莢一起煮至沸騰。蛋黃和糖 ❶ 充分混合，加入過篩的卡士達粉。取出牛奶中的香草莢，倒入少許熱牛奶到蛋黃糊中，混合後再倒回鍋中煮沸 3 分鐘，同時不斷攪拌。放入瀝乾的吉利丁，靜置冷卻。混合水和糖 ❷，加熱至 121℃ 製成糖漿。蛋白打發至濕性發泡後倒入糖漿，繼續攪打至完全冷卻。混合甜點奶餡和加入糖漿的打發蛋白。倒入直徑 22cm 圈模，冷凍備用。

焦糖

糖、水和葡萄糖放入鍋中，加熱成琥珀色的焦糖，作為<u>泡芙的淋面</u>。

組裝 & 裝飾

<u>在泡芙底部</u>戳孔，使用 14 號花嘴，將火焰蘋果泥<u>擠在千層圓片上</u>，擺上尚未解凍的希布斯特奶餡，再於表面撒滿砂糖，用噴槍使其焦糖化。周圍擺滿沾了焦糖的泡芙，放置回溫至室溫，即可享用。

一如許多我們重新發掘魅力的偉大經典，
這道聖多諾黑也是重新向傳統希布斯特奶餡致敬。

MA SAINTE-HONORÉE
我的聖多諾黑

「這款蛋糕的精巧造型與細膩風味，是向來自馬利的媽媽致敬，
她從我十四歲起便一路支持我，總是給我力量，讓我走得更遠並且不斷進步！
謝謝這些甜蜜的歲月，以及未來更多一起度過的甜美時光。」

分　　量 8 人
製作時間 3 hrs 15 mins
靜置時間 12 hrs + 6 hrs 30 mins
烘烤時間 1 hr 10 mins

牛奶米布丁慕斯（前一天製作）
- 牛奶 500g
- 圓米 100g
- 細白砂糖 50g
- 香草莢 1 根
- 打發用鮮奶油 100g

反折千層麵團
（分量多於實際所需）
油麵團
- 室溫摺疊用奶油 330g
- T55 麵粉 130g

水麵團
- 鹽 9g
- 水 125g
- 白醋 1 小匙
- 奶油 100g，切小塊
- T55 麵粉 300g
  ＋少許工作檯防沾用

泡芙麵糊
- 鹽 4g
- 細白砂糖 6g
- 奶油 100g，切小塊
  ＋少許塗烤盤防沾

- 牛奶 100g
- 水 100g
- T55 麵粉 120g
- 全蛋 230g

羅望子香緹鮮奶油
- 打發用鮮奶油 500g
- 馬斯卡彭乳酪 50g
- 羅望子果泥 50g

香草淋面
- 細白砂糖 20g
- 水 15g
- 翻糖 450g
- 香草莢 1 根

裝飾
- 羅望子果泥
- 羅望子殼
- 嫩葉

工具
- 擠花袋
- 10 號圓形花嘴
- 12 號圓形花嘴
- 15 號圓形花嘴
- 聖多諾黑花嘴
- 溫度計

牛奶米布丁慕斯
將牛奶、圓米、糖、香草籽及香草莢放入鍋中煮沸，轉小火煮至米粒柔軟綿密。取出香草莢後倒入容器，以保鮮膜直接貼附表面，放入冰箱冷卻。冷卻後以矽膠刮刀拌入打發的香緹鮮奶油。冷藏備用。

反折千層麵團
油麵團　以矽膠刮刀或裝攪拌葉片的攪拌機，將室溫軟化的奶油攪拌均勻。加入麵粉。注意，混合時不可使麵團升溫或乳化。麵團放在兩張烘焙紙之間，擀成 30×20cm 的長方形。冷藏鬆弛 1 小時。

水麵團　調理盆中放入冷水（18 ～ 20℃），加入鹽使其溶化，再放入白醋與奶油塊。攪拌機裝攪拌勾，放入麵粉和調理盆中的混合材料，攪拌成質地均勻的麵團。將水麵團擀成約 15×20cm 的長方形，以保鮮膜包起，冷藏鬆弛 1 小時。

折疊　將水麵團置中放在油麵團上，折起油麵團，使其完全包覆水麵團，再擀成厚度 1cm 的帶狀。讓麵團的短邊朝向自己，分別將麵團的上下方往

中央折，兩邊的麵團邊緣要間隔 2cm。接著從中央對折，形成四層的正方形麵團，如此便完成一次雙折，再次冷藏鬆弛 1 小時。麵團擀成厚度 1cm 的長方形，重複上述步驟，完成第二次雙折。以保鮮膜包起麵團，冷藏 2 小時。製作一次單折（從上方 1 / 3 處將麵團往中央折，下方 1 / 3 則蓋在前者之上，形成三層麵團而非四層）。擀至厚度 0.3cm，冷藏鬆弛 30 分鐘。

整形與烘烤　麵團切割成最寬處為 28cm 的心形。冷藏鬆弛 1 小時。烤箱預熱至 180℃，冰透的心形麵團夾在兩張烘焙紙之間，上方放另一片烤盤，烘烤約 30 分鐘。

泡芙麵糊

將奶油塊、糖和鹽放入牛奶和水中加熱融化，沸騰後離火，加入已過篩的麵粉。以木勺攪拌至麵團不沾粘鍋子後，倒入調理盆。快速打散蛋液，少量多次倒入麵糊中，混合至滑順柔軟。烤箱預熱至 180 ～ 200℃。烤盤略塗奶油，擠花袋裝上 15 號圓形花嘴，擠出 17 個泡芙麵糊。烘烤 30 ～ 40 分鐘，期間不可打開烤箱門。

羅望子香緹鮮奶油

攪拌機裝上攪拌葉片，將所有材料放入攪拌盆，打發至緊實挺立的香緹鮮奶油，不可以有顆粒。冷藏備用。

香草淋面

糖和水放入鍋中，煮成透明無色的糖漿。接著加入翻糖與刮出的香草籽，以小火不斷攪拌烹煮，直到食材混合均勻。靜置降溫至 40℃。

組裝 & 裝飾

泡芙底部戳孔。擠花袋裝上 10 號圓形花嘴，填入牛奶米布丁慕斯。擦去多餘的餡料，使外觀整潔。待淋面降溫至 40℃ 時，將泡芙頂部浸入，取出後維持上下顛倒，使多餘的淋面自然滴落。用手指在周圍抹一圈，使外觀乾淨俐落。先靜置冷卻至淋面變硬，再冷藏備用。在心形千層片上塗抹一層羅望子果泥，至距離邊緣 1cm 處停止。擠花袋裝上 12 號圓形花嘴，從心形中心向外擠滿牛奶米布丁慕斯至邊緣 1cm 處。沿著心形周圍擺放 12 顆泡芙。在泡芙之間，以聖多諾黑花嘴將羅望子香緹鮮奶油往中央擠滿。最後在中央擺上一顆泡芙，放上少許羅望子殼與嫩葉。冷藏至食用前。

完美的心型製作起來相當困難。
注意讓泡芙的形狀均勻一致，就能成功。

LES BABKAS
巴布卡

---

4 道搭配精美圖片的配方

---

1 款經典配方

3 款創意變化

BABKA

CHOCOLAT
PISTACHE - ABRICOT
et la
BABKA PARISIENNE

巴布卡・巧克力巴布卡・開心果杏桃巴布卡・巴黎巴布卡

經典配方的步驟分解圖
見第 44 ～ 45 頁

BABKA
巴布卡

　　出乎意料的典故：這款源自東歐的美味布里歐修，怎麼會出現在巴黎最古老糕點店，並成為最受歡迎的蛋糕呢？這個獨特的點子要歸功於傑弗瑞。某次他到以色列旅行時，發現市中心所有糕點店的櫥窗中，都高調陳列著誘人可口的巴布卡。不過，巴布卡也呼應史托雷曾服侍波蘭國王的過往。「巴布卡」（babka）一字在波蘭語中意指「祖母」（和「巴巴」一樣），當時這款蛋糕是大型的布里歐修，類似咕咕洛夫，外型有如老太太的大裙子。如今的巴布卡是來自波蘭的布里歐修的變化，使用兩股麵團編成，在以色列有時又稱為克蘭茲蛋糕（krantz cake）。傑弗瑞以法式手法應用傳統配方，特別在麵團中加入 À la Mère de Famille 的榛果巧克力抹醬和榛果粒。史托雷的巴布卡，可說是擁有本店糕餅師傅數百年的布里歐修麵團製作經驗……而且風味絕佳！

分　　量 8 人
製作時間 1 hr
靜置時間 1 hr 55 mins
烘烤時間 20 ～ 25 mins

巴布卡麵團
- 麵粉 250g
- 鹽 3g
- 糖 50g
- 新鮮酵母 12g
- 牛奶 150g
- 奶油 50g，切小塊 ＋少許塗抹模具防沾

糖漿
- 水 15g
- 糖 20g

內餡
- 榛果巧克力抹醬 150g，混入 7.5g 葡萄籽油
- 皮埃蒙（Piémont）產榛果 40g，烤香後切碎
- 黑巧克力 30g，切碎

工具
- 長 22cm 磅蛋糕模
- L 型抹刀
- 刷子

巴布卡麵團
攪拌機裝攪拌勾，混合麵粉、鹽、糖、酵母和牛奶。以中速攪拌 20 分鐘，直到麵團不再沾粘攪拌盆。加入奶油塊，再度攪拌直到麵團不會沾粘為止。直接在攪拌盆內揉成團，蓋上保鮮膜，冷藏 1 小時。

注意！
不可讓酵母直接接觸鹽，因為鹽會使酵母失去活性。

糖漿
- 水和糖煮至沸騰。

組裝
☞ 見下頁的步驟分解

烘烤
烤箱預熱至 180℃，放入巴布卡烘烤 20 ～ 25 分鐘。出爐後用刷子塗上糖漿，再靜置 5 ～ 10 分鐘即可脫模。

我使用 À la Mère de Famille 的榛果巧克力抹醬
製作這道配方。

1

2

3

組裝

1. 麵團擀成長方形，長度與烤模長邊相同，寬度則為烤模短邊的三倍長。

2. 以隔水加熱法稍微加溫抹醬，使質地軟化，接著抹在整片巴布卡麵團上。

3. 均勻撒上切碎的榛果和黑巧克力。

 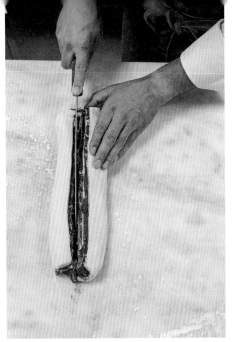 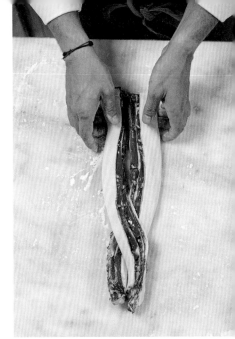

4   5   6

4. 小心捲起麵團。

5. 沿著麵團卷縱切為二。

6. 以兩條麵團開始編織成辮狀。

7. 編織辮狀時,要讓麵團的切口保持朝上。

8. 以奶油塗抹模具防沾,放入辮狀麵團。靜置室溫發酵 45 分鐘。

7   8

 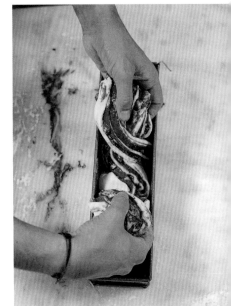

BABKA CHOCOLAT
巧克力巴布卡

製作時間	靜置時間	烘烤時間
1 hr	1 hr 55 mins	25 mins

分量 8 人

杏仁黑巧克力香脆抹醬
- 未去皮完整杏仁 110g
- 細白砂糖 70g
- 70% 可可含量黑巧克力 30g

巴布卡麵團
- 麵粉 250g
- 鹽 3g
- 糖 50g
- 新鮮酵母 12g
- 牛奶 150g
- 奶油 50g，切小塊 ＋少許塗抹模具防沾
- 可可膏 25g

內餡
- 黑巧克力 40g，切碎
- 可可碎粒 30g

糖漿
- 細白砂糖 60g
- 水 45g

工具
- 直徑 20cm 中空蛋糕模
- L 型抹刀
- 刷子

杏仁黑巧克力香脆抹醬
烤箱預熱至 160°C。放入杏仁烘烤 15 分鐘（注意不可烤焦）。砂糖放入鍋中，製作乾式焦糖，再倒入杏仁混合均勻。將焦糖杏仁倒在矽膠烤墊上放入冰箱，待充分冷卻變硬後，以均質機稍微打碎，先取出 20g 備用，剩下的繼續均質至滑順的糊狀。融化巧克力，倒入焦糖杏仁糊中繼續攪打。加入預留的 20g 焦糖杏仁脆粒，以矽膠抹刀拌勻，放置室溫備用。

巴布卡麵團
攪拌機裝攪拌勾，混合麵粉、鹽、糖、酵母和牛奶，注意不可讓鹽與酵母直接接觸，否則酵母會失去活性。以中速攪拌 20 分鐘，直到麵團不再沾粘攪拌盆。加入奶油塊，再度攪拌直到麵團不會沾粘為止，直接在盆內揉成團，蓋上保鮮膜後冷藏 1 小時。

組裝 & 裝飾
擀平麵團，整成 30×10cm 的長方形。以隔水加熱法稍微加溫抹醬，使質地變軟，接著用 L 型抹刀將抹醬均勻塗抹在麵團表面。均勻撒上切碎的黑巧克力和可可碎粒。小心捲成 30cm 的長條，切成八等分。烤模塗奶油防沾，麵團放入烤模，露出螺旋狀花紋。靜置室溫發酵 45 分鐘。烤箱預熱至 180°C，烘烤 20 ～ 25 分鐘。烘烤的同時製作糖漿。糖和水放入鍋中，煮成透明無色的糖漿。巴布卡出爐時，用刷子在切面刷滿仍溫熱的糖漿。靜置 5 ～ 10 分鐘降溫，即可脫模。

這款巴布卡
和布朗尼一樣危險，
吃了第一口
就再也停不下來。

BABKA PISTACHE-ABRICOT
開心果杏桃巴布卡

製作時間	靜置時間	烘烤時間
1 hr 30 mins	1 hr 55 mins	25 mins

分量 8 人

開心果醬
- 膏狀奶油 50g
- 細白砂糖 50g
- 全蛋 50g
- 開心果粉 50g
- 玉米澱粉 1 小匙

巴布卡麵團
- 麵粉 250g
- 鹽 3g
- 糖 50g
- 新鮮酵母 12g
- 牛奶 150g
- 奶油 50g，切小塊
  ＋少許塗抹模具防沾

內餡
- 杏桃乾 30g，切小塊
- 完整開心果仁 40g

糖漿
- 細白砂糖 60g
- 水 45g

裝飾
- 烘烤過的開心果碎粒適量
- 新鮮杏桃 2 顆

工具
- 高 7cm× 直徑 8cm 圈模 8 個
- L 型抹刀
- 刷子

開心果醬
以打蛋器混合糖和膏狀奶油，直到變得柔軟濃稠。加入蛋液攪打均勻。加入開心果粉，同時不停攪拌，最後加入玉米澱粉。冷藏備用。

30. — Bassin et son fouet.

巴布卡麵團
攪拌機裝攪拌勾，混合麵粉、鹽、糖、酵母和牛奶，注意不可讓鹽與酵母直接接觸，否則酵母會失去活性。以中速攪拌 20 分鐘，直到麵團不再沾粘攪拌盆。加入奶油塊，再度攪拌直到麵團不會沾粘為止，直接在盆內揉成團，蓋上保鮮膜後冷藏 1 小時。

組裝 & 裝飾
擀平麵團，整成 30×10cm 的長方形。用 L 型抹刀將開心果醬均勻塗抹在麵團表面。將杏桃乾均勻撒在開心果醬上，再放上開心果仁。小心捲成 30cm 的長條，切成八等分。烤模塗上奶油防沾，放在烤盤上。各取一塊麵團放入烤模。靜置室溫發酵 45 分鐘。烤箱預熱至 180°C，烘烤 20 ～ 25 分鐘。烘烤的同時製作糖漿。糖和水放入鍋中，煮成透明無色的糖漿。巴布卡出爐時移除圈模，用刷子在表面刷滿仍溫熱的糖漿。側面放在烤過的開心果碎粒上滾動，再以新鮮杏桃片裝飾表面即完成。

所有巴布卡配方
都可應用於
這種一人份尺寸。

BABKA PARISIENNE
巴黎巴布卡

「我接任史托雷的甜點主廚一職以來，與多菲家族的合作下，許多創作得以問世。
這些作品中，巴布卡成為暢銷長賣產品！
這款鹹味版本是向麵包店的知名火腿乳酪三明治致敬，也是我個人最喜愛的口味。」

分　　量 8 人
製作時間 1 hr 10 mins
靜置時間 2 hrs
烘烤時間 20 mins

巴布卡麵團
- 麵粉 250g
- 鹽 3g
- 糖 50g
- 新鮮酵母 12g
- 牛奶 150g
- 奶油 50g，切小塊
  ＋少許塗抹模具防沾

艾曼塔乳酪（L'Emmental）白醬
- 奶油 10g
- 玉米澱粉 1 小匙
- 牛奶 110ml
- 艾曼塔乳酪 40g，刨絲
- 現磨肉豆蔻 1 小撮
- 鹽 1 小撮
- 胡椒 1 小撮

內餡
- 巴黎火腿 2 片
- 艾曼塔乳酪 60g，刨絲

裝飾
- 艾曼塔乳酪 10g，刨絲

工具
- 長 30cm 磅蛋糕模

巴布卡麵團
攪拌機裝攪拌勾，混合麵粉、鹽、糖、酵母和牛奶，注意不可讓鹽與酵母直接接觸，否則酵母會失去活性。以中速攪拌 20 分鐘，直到麵團不再沾粘攪拌盆。加入奶油塊，再度攪拌直到麵團不會沾粘為止，直接在盆內揉成團，蓋上保鮮膜後冷藏 1 小時。

艾曼塔白醬
奶油放入小鍋中融化。加入玉米澱粉，以木匙攪拌製成糊狀。倒入冰牛奶稀釋，加入鹽和胡椒，以小火加熱至變稠，期間不停攪拌。加入艾曼塔乳酪絲、肉豆蔻攪拌均勻，完成的白醬質地應均勻濃稠。

製作這款巴布卡時，
請選用優質的厚片火腿。

組裝 & 裝飾
擀平麵團，整成 30×15cm 的長方形。在整個麵團表面薄塗一層白醬。擺上巴黎火腿片，撒上艾曼塔乳酪絲。小心捲成 30cm 的長條。沿著麵團卷縱切為二，用兩條麵團編成辮狀，注意要讓麵團的切口保持朝上。以奶油塗抹模具防沾，放入辮狀麵團，靜置室溫發酵 45 分鐘。表面均勻撒上刨絲的艾曼塔乳酪，烤箱預熱至 180℃，烘烤 15 ～ 20 分鐘後，靜置 15 分鐘即可脫模。

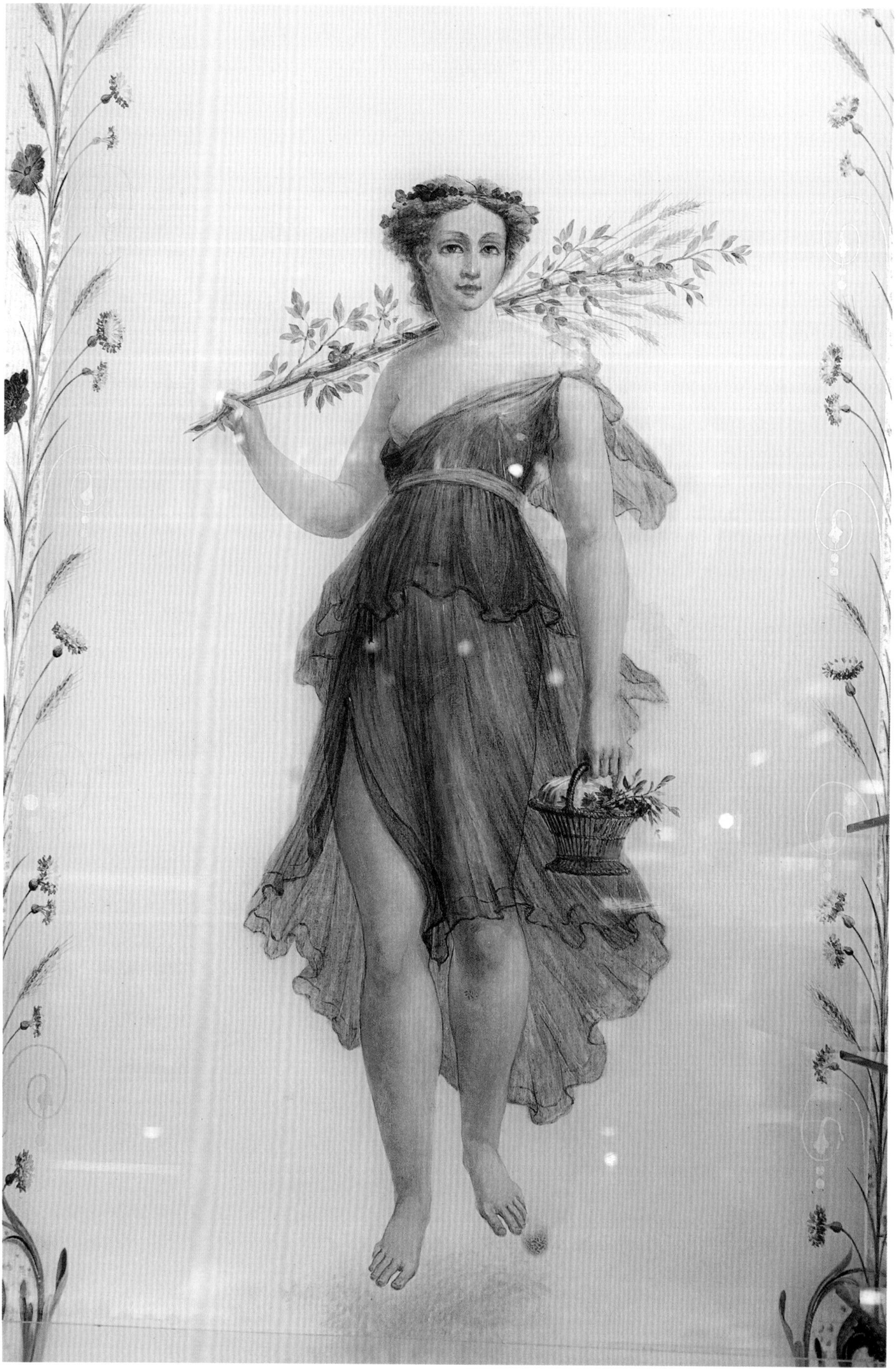

LES FRAISIERS
法式草莓蛋糕

---

3 道搭配精美圖片的配方

---

1 款經典配方

2 款創意變化

FRAISIER
FIGUIER
et le
CERISIER
DU BRASSEUR

法式草莓蛋糕・法式無花果蛋糕・啤酒釀酒師的法式櫻桃蛋糕

經典配方的步驟分解圖
見第 56 ～ 57 頁

FRAISIER
法式草莓蛋糕

製作時間	靜置時間	烘烤時間
2 hrs 15 mins	12 hrs + 2 hrs	7 mins

分量 6 人

香草打發甘納許（前一天製作）
- 打發用鮮奶油 480g
- 香草莢 3 根
- 吉利丁片 6g
- 白巧克力 210g，切塊

開心果香軟蛋糕
- 蛋黃 40g
- 全蛋 80g
- 糖粉 80g
- 開心果粉 80g
- 開心果泥 16g
- 蛋白 80g
- 細白砂糖 30g
- T55 麵粉 60g

草莓糖漿
- 水 25g
- 細白砂糖 35g
- 新鮮草莓 20g，切小塊
- 櫻桃白蘭地 4g

內餡
- 新鮮草莓 500g
- 開心果粉 4g

工具
- 高 4.5cm × 直徑 18cm 圈模
- 直徑 16cm 圈模
- 大型抹刀
- L 型抹刀
- 刷子
- Rhodoïd 塑膠圍邊
- 擠花袋
- 10 號圓形花嘴

香草打發甘納許
以少許冰水泡軟吉利丁。取一半的鮮奶油、香草籽及剖半取籽後的香草莢放入鍋中加熱。鮮奶油變熱後鍋子離火，取出香草莢，加入瀝乾的吉利丁，充分攪拌使吉利丁完全融化。將白巧克力放入調理盆，淋上熱鮮奶油，以矽膠刮刀混合均勻。倒入另一半鮮奶油，以均質機均質至質地柔順細滑，完全乳化。用保鮮膜直接貼附表面，放入冰箱冷藏至少 12 小時。隔天將攪拌機裝上攪拌球，攪打成質地緊實挺立的打發甘納許。

開心果香軟蛋糕
烤箱預熱至 200°C。攪拌機裝上攪拌球，攪打蛋黃、全蛋及糖粉，使其盡量充滿空氣。加入開心果粉和開心果泥攪打均勻，完成沙巴雍，倒入調理盆備用。在另一個盆中放入蛋白和細白砂糖，以電動打蛋器高速打發至緊實的質地。使用矽膠刮刀小心地將打發蛋白拌入沙巴雍，混合均勻。分數次加入麵粉，以矽膠刮刀輕輕拌勻。30×40cm 的烤盤鋪烘焙紙，倒入麵糊，以大型抹刀整平。烘烤約 7 分鐘，蛋糕表面略為上色即可。靜置冷卻。

草莓糖漿
水、糖、新鮮草莓塊放入鍋中煮至沸騰。以均質機均質，靜置冷卻後加入櫻桃白蘭地，混合均勻後備用。

內餡
草莓去蒂頭，縱切為二。冷藏備用。

組裝 & 裝飾
見下頁的步驟分解

組裝 & 裝飾

1. 用圈模在蛋糕上切出直徑 18cm 和 16cm 的圓片。

2. 用刷子在兩片蛋糕圓片上塗刷草莓糖漿，使其充分吸收。

3. 將大圓片放入內壁鋪了圍邊的圈模底部，有糖漿的一面朝上。

1   2   3

4. 草莓切面朝外直立擺放，沿著圈模緊密地排成一圈。
   擠花袋裝上圓形花嘴，在草莓和蛋糕上擠滿一半的香
   草甘納許。利用小型抹刀確實將甘納許填滿草莓和塑
   膠圍邊，不留下任何空隙或孔洞。

4

5

6

5. 在蛋糕中央放上大量草莓（切面朝下），輕壓使草莓陷入香草甘納許。

6. 接著以少許甘納許覆蓋草莓，然後放上第二片蛋糕，糖漿面朝下，同時輕輕下壓，不可高出圈模。

7. 用甘納許覆蓋蛋糕表面，以抹刀整平，去除多餘的鮮奶油。法式草莓蛋糕的上方必須平整，並且填滿圈模，邊緣切齊，以保鮮膜包起，冷藏至少 2 小時。

8. 移去圈模，小心移除塑膠圍邊，以新鮮草莓和開心果粉裝飾。

7

8

FIGUIER
法式無花果蛋糕

製作時間
2 hrs 15 mins

靜置時間
12 hrs + 2 hrs

烘烤時間
10 mins

分量 6 人

無花果巧克力打發甘納許
（前一天製作）
- 打發用鮮奶油 ❶ 190g
- 吉利丁片 8g
- 黑巧克力 200g
- 打發用鮮奶油 ❷ 430g
- 新鮮無花果 100g
- 青檸皮屑 1 顆的分量

無花果泥凍（前一天製作）
- 新鮮無花果 260g
- 細白砂糖 10g
- NH 果膠粉 6g

肉桂巧克力蛋糕
- 蛋白 175g
- 細白砂糖 125g
- 蛋黃 100g
- 麵粉 95g
- 可可粉 30g
- 肉桂粉 1 小匙

肉桂糖漿
- 水 200g
- 肉桂棒 2 根
- 細白砂糖 100g
- 無花果香甜酒 20ml

內餡
- 無花果 500g，切細丁

裝飾
- 黑巧克力 200g，切塊
- 新鮮無花果 10 顆

工具
- 高 4.5cm × 直徑 18cm 圈模
- 直徑 16cm 圈模
- 巧克力專用膠片
- L 型抹刀
- 擠花袋
- 10 號圓形花嘴
- 小型抹刀
- Rhodoïd 塑膠圍邊
- 刷子

無花果巧克力甘納許
以少許冰水泡軟吉利丁。鮮奶油 ❶ 放入鍋中加熱，開始沸騰時，鍋子離火，放入瀝乾的吉利丁，充分攪拌使吉利丁完全融化。黑巧克力放入調理盆，淋上熱鮮奶油，以矽膠刮刀混合至質地均勻。倒入鮮奶油 ❷。以手持均質機將無花果和青檸皮屑均質至泥狀，倒入巧克力甘納許中，以手持均質機均質。保鮮膜直接貼附表面，放入冰箱冷藏至少 12 小時。

無花果泥凍
以手持均質機將無花果均質成泥。果泥、糖和果膠粉放入鍋中煮至微沸，融合均勻後即可離火。烤盤鋪巧克力專用膠片，放上直徑 18cm 的圈模，倒入仍溫熱的無花果泥凍。放入冰箱冷藏一夜。

果泥凍可在成形後脫模冷藏保存，以便後續組裝時可以使用此圈模。

肉桂巧克力蛋糕底
烤箱預熱至 200°C。攪拌機裝攪拌球，將蛋白打發至濕性發

泡，分三次加入糖，打發至緊實挺立的蛋白霜。加入蛋黃，用矽膠刮刀小心拌勻。麵粉、可可粉和肉桂粉過篩，分數次加入蛋糊，混合成均勻的麵糊（加入麵粉後蛋白霜的體積會稍微變小）。30×40cm 的烤盤鋪烘焙紙，倒入麵糊，以 L 型抹刀整平。烘烤約 10 分鐘，至蛋糕表面略微上色。靜置冷卻後，用圈模切出直徑 18cm 和 16cm 的蛋糕圓片備用。

肉桂糖漿

水、肉桂棒和糖放入鍋中，加熱至糖完全融化。離火，倒入無花果香甜酒，混合均勻備用。

內餡

取一部分的無花果切成兩半。切去尖端處，使每一塊無花果的高度相同（略低於 4.5cm）。其餘的無花果切細丁，作為蛋糕的內餡。冷藏備用。

組裝

攪拌機裝攪拌球，甘納許倒入攪拌盆，攪打至緊實的打發甘納許。在 18cm 圈模內壁鋪塑膠圍邊。以刷子沾取肉桂糖漿，塗刷在兩片蛋糕較軟的底部，使其充分吸收糖漿。大的蛋糕片糖漿面朝上，放入圈模底部，無花果切面朝向圈模內壁，沿著圈模整齊緊密地排列。擠花袋裝上圓形花嘴，在無花果和蛋糕上擠滿一半分量的打發甘納許。用小型抹刀將甘納許確實填滿無花果和塑膠圍邊，確保不留下任何空隙或孔洞。蛋糕中央放入大量無花果細丁，輕壓使其陷入打發甘納許中。接著以少許甘納許覆蓋無花果，然後放上第二片蛋糕，糖漿面朝下，同時輕輕下壓。第二片蛋糕不可高於圈模。擠滿甘納許覆蓋蛋糕，以抹刀整平，去除多餘的鮮奶油。法式無花果蛋糕的上方必須平整，並且填滿圈模，邊緣切齊，以保鮮膜包起，冷藏至少 2 小時。

裝飾

移去圈模，小心移除塑膠圍邊。將果泥凍圓片放在蛋糕上。烤盤事先（至少提前 1 小時）放入冷凍庫降溫，鋪上巧克力專用膠片，融化巧克力，倒在烤盤上。巧克力開始凝固時，裁切出 40×7cm 的長條狀圍住蛋糕。無花果切四等分，放在蛋糕上即完成。

等待七月到十月這段無花果盛產季節的到來，
才能充分享受這道甜點的風味。

CERISIER DU BRASSEUR
啤酒釀酒師的法式櫻桃蛋糕

「在手足之間，大哥常常是弟弟、妹妹們的榜樣，我的哥哥正是如此。
我常常開玩笑說，我的職業生涯選擇其實是受到大哥的啟發：
他是織毯工匠（tapissier），我只調換兩個字母就找到自己的甜點師（pâtissier）志向啦！
啤酒是他的最愛，這也是為何我要將這道甜點獻給他的原因。」

分　　量 6 人
製作時間 2 hrs 15 mins
靜置時間 12 hrs ＋ 2 hrs
烘烤時間 10 mins

啤酒酸櫻桃打發甘納許
（前一天製作）
● 打發用鮮奶油 ❶ 210g
● 吉利丁片 5g
● 白巧克力 130g，切塊
● 打發用鮮奶油 ❷ 280g
● 啤酒 110ml
● 酸櫻桃果泥 60g

酸櫻桃果泥凍（前一天製作）
● 酸櫻桃果泥 260g
● 細白砂糖 30g
● NH 果膠粉 6g

手指餅乾
● 蛋白 150g
● 細白砂糖 100g
● 蛋黃 100g
● 麵粉 125g

酸櫻桃糖漿
● 酸櫻桃果泥 25g
● 細白砂糖 25g
● 啤酒 100ml

內餡
● 酸櫻桃 500g

工具
● 直徑 18cm × 高 4.5cm 圈模
● 直徑 16cm 圈模
● 巧克力專用膠片
● L 型抹刀
● 擠花袋
● 10 號圓形花嘴
● 小型抹刀
● Rhodoïd 塑膠圍邊
● 刷子

啤酒酸櫻桃打發甘納許
以少許冰水泡軟吉利丁。鮮奶油 ❶ 放入鍋中加熱，開始沸騰時離火，放入瀝乾的吉利丁，充分攪拌使吉利丁完全融化。白巧克力放入調理盆，淋上熱鮮奶油。以矽膠刮刀混合至質地均勻。倒入冰涼的鮮奶油 ❷，然後放入啤酒和酸櫻桃果泥，以手持均質機均質，直到質地均勻滑順。以保鮮膜直接貼附表面，放入冰箱冷藏至少 12 小時。

酸櫻桃果泥凍
酸櫻桃果泥、糖和果膠粉放入鍋中煮至微沸，質地均勻後即可離火。烤盤鋪上巧克力專用膠片，放上直徑 18cm 的圈模，倒入仍溫熱的果泥凍，放入冰箱冷藏一夜。

手指餅乾
烤箱預熱至 200°C。攪拌機裝攪拌球，將蛋白打發至濕性發泡，分三次加入糖，打發至緊實挺立的蛋白霜。加入蛋黃，使用矽膠刮刀小心拌勻。最後分數次倒入麵粉，混合成均

匀的麵糊（加入麵粉時，蛋白霜的體積會稍微變小）。30×40cm 的烤盤鋪烘焙紙，倒入麵糊，以大型抹刀整平。烘烤約 10 分鐘，至蛋糕表面略微上色。靜置冷卻，用圈模在蛋糕上切出直徑 18cm 和 16cm 的圓片備用。

酸櫻桃糖漿

酸櫻桃果泥和糖放入鍋中，加熱至糖完全融化均勻。離火倒入啤酒，混合均勻備用。

內餡

櫻桃對切，去除果核（保留少許完整櫻桃作為裝飾）。冷藏備用。

組裝

攪拌機裝攪拌球，甘納許倒入攪拌盆，攪打至緊實的打發甘納許。在直徑 18cm 圈模內壁鋪塑膠圍邊。先將酸櫻桃果泥凍小心脫模，冷藏備用。以刷子沾取酸櫻桃糖漿，塗刷兩片蛋糕較軟的底部，使其充分吸收糖漿。大的蛋糕圓片糖漿面朝上，放入圈模底部。將櫻桃切面朝向圈模內壁，沿著圈模整齊緊密地排列。擠花袋裝上圓形花嘴，在酸櫻桃和蛋糕上擠滿一半分量的打發甘納許。用小型抹刀將甘納許確實填滿酸櫻桃和塑膠圍邊，不留任何空隙或孔洞。蛋糕中央放入大量酸櫻桃，輕壓使其陷入打發甘納許中。接著以少許甘納許覆蓋櫻桃，然後放上第二片蛋糕，糖漿面朝下，同時輕輕下壓。第二片蛋糕不可高於圈模。擠滿甘納許覆蓋蛋糕，以抹刀整平，去除多餘的鮮奶油。櫻桃蛋糕的上方必須平整，並且填滿圈模，邊緣切齊，以保鮮膜包起，冷藏至少 2 小時。

裝飾

移去圈模，小心移除塑膠圍邊。將果泥凍圓片放在蛋糕上。最後放上預留的完整櫻桃，也可視個人喜好，以少許金箔裝飾櫻桃梗。

**令人意想不到的啤酒與酸櫻桃的組合，
就是這道甜點的獨特之處。**

LES ÉCLAIRS
閃電泡芙

---

4 道搭配精美圖片的配方

---

1 款經典配方

3 款創意變化

RELIGIEUSE À L'ANCIENNE

NOISETTE
CAFÉ
et la
CAROLINE AU CÉDRAT

老式修女泡芙・榛果閃電泡芙・咖啡閃電泡芙・香櫞卡洛林

經典配方的步驟分解圖
見第 70 ～ 71 頁

RELIGIEUSE À L'ANCIENNE
老式修女泡芙

　　史托雷的閃電泡芙分量十足，長度絕對不會小於 10cm ！黑巧克力口味獲得一致好評，時常登上「巴黎最美味閃電泡芙」排行榜。泡芙麵糊的配方隨著凱薩琳・梅迪奇（Catherine de Médicis）傳入法國，很快便成為法式甜點中不可或缺的一分子。在爐火上加熱的製作過程，使其獲得「熱麵糊」之名。今日以「閃電泡芙」之名為世人熟知的長型泡芙，是當年宮廷內備受喜愛的美味甜點。人們將長型泡芙沾浸焦糖，以堅果裝飾。閃電泡芙有時又稱為「公爵夫人」（duchesse）；小型的閃電泡芙則叫做「卡洛林」（caroline）。安托南・卡雷姆（Antonin Carême）想到可以在泡芙中填入餡料的點子，同時還發明翻糖淋面，成為現今閃電泡芙的特色。傑弗瑞坦承自己對閃電泡芙毫無招架之力，而且他在史托雷的第一份工作，就是負責製作閃電泡芙。

分　　量 20 人
（大型及中型閃電泡芙各 15 個、
修女泡芙 1 個）
製作時間 3 hrs 30 mins
靜置時間 12 hrs
烘烤時間 50 mins

牛奶巧克力香緹鮮奶油
（前一天製作）
● 打發用鮮奶油 500ml
● 35% 可可含量牛奶巧克力 200g

巧克力甜塔皮（前一天製作）
● 麵粉 340g
● 杏仁粉 220g
● 糖粉 170g
● 鹽 4g
● 可可粉 60g
● 奶油 390g
● 全蛋 60g

泡芙麵糊
● 鹽 10g
● 細白砂糖 15g

● 奶油 250g，切小塊
　＋少許烤盤防沾用
● 牛奶 250g
● 水 250g
● T45 麵粉 300g
● 全蛋 700g

巧克力奶霜
● 蛋黃 180g
● 細白砂糖 150g
● 打發用鮮奶油 500ml
● 牛奶 500ml
● 64% 可可含量覆蓋巧克力 600g
● 可可膏 50g

閃電泡芙用巧克力翻糖
● 細白砂糖 80g
● 水 60g
● 翻糖 400g
● 可可脂 130g

焦糖
● 水 200g
● 細白砂糖 1kg
● 葡萄糖漿 250g

工具
● 直徑 20cm 切模
● 直徑 16cm 切模
● 直徑 12cm 切模
● 直徑 10cm 切模
● 直徑 8cm 切模
● 直徑 6cm 切模
● 擠花袋
● 16 齒花嘴
● 尖嘴花嘴
● 8 號圓形花嘴
● 8 號星形花嘴
● 玻璃空瓶

牛奶巧克力香緹鮮奶油
鮮奶油煮沸，淋在巧克力上混合均勻。放入冰箱冷藏 12 小時。裝飾前，攪拌機裝攪拌球，倒入巧克力鮮奶油，打發成香緹鮮奶油。

巧克力甜塔皮

攪拌機裝攪拌葉片，倒入麵粉、杏仁粉、糖粉、鹽、可可粉和奶油，攪拌成帶顆粒的質地。接著加入蛋液，攪拌均勻。麵團放上工作檯整成球形，以保鮮膜緊緊包起，冷藏12小時。烤箱預熱至165°C。麵團擀至厚度0.3cm，分別用六種不同直徑圓形切模切出圓片。烤盤鋪烘焙紙，放上塔皮圓片烘烤20分鐘。靜置冷卻。

泡芙麵糊

烤箱預熱至180°C。鹽、糖和奶油塊放入牛奶和水中加熱融化，沸騰後離火，加入已過篩的麵粉。以木勺攪拌至麵團不沾粘鍋子後，倒入調理盆。快速打散蛋液，少量多次倒入麵糊中，混合至滑順柔軟。烤盤略塗奶油，擠花袋裝上16齒花嘴，<u>擠出</u>15個7cm中型閃電泡芙、15個12cm大型閃電泡芙、1個圓形小泡芙，與1個較大的圓形泡芙。閃電泡芙和圓形泡芙烘烤25～30分鐘，期間不可打開烤箱門。

巧克力奶霜

將蛋黃和糖攪打至顏色變淺。蛋糖糊倒入鍋中，加入鮮奶油和牛奶，煮至沸騰。將滾燙的英式蛋奶醬淋在巧克力和可可膏上，以手持均質機均質。冷藏備用。

66. — Manière de se servir de la poche.

閃電泡芙巧克力翻糖

糖和水放入鍋中混合，煮成透明無色的糖漿。接著加入其餘的材料，以小火使所有材料融化。使用前靜置，使翻糖降溫至40°C。

焦糖（組裝用）

開始組裝前，水、糖和葡萄糖漿放入鍋中加熱至160°C，製成焦糖。

———

組裝 & 裝飾
☞ 見下頁的步驟分解

———

老式修女泡芙是壯觀的藝術品，
需要可觀的工作量、確實的甜點專業，
以及嫻熟的巧手才能完成。

將閃電泡芙麵糊末端擠成尖錐形非常重要，
否則就無法準確地製作出泡芙塔。

1   2   3

組裝 & 裝飾

1. 使用尖嘴花嘴在閃電泡芙底部戳三個孔，圓形泡芙底部戳一個孔。

2. 擠花袋裝上 8 號圓形花嘴，為泡芙充分填入巧克力奶霜。

3. 將閃電泡芙與圓形泡芙頂部浸入翻糖，<u>形成淋面</u>。

4   5   6

4. 用食指抹去多餘的翻糖。

5. 取最大的甜塔皮圓片,將玻璃空瓶放在中央,作為放置閃電泡芙位置的標示。

6. 將大型閃電泡芙的兩側和下方沾浸焦糖。

7. 將大型閃電泡芙垂直放置,較寬的下方立在圓片上,泡芙彼此充分黏合,同時利用玻璃瓶來維持泡芙直立。

8. 移除玻璃瓶。用鋸齒刀或麵包刀,切割修整閃電泡芙上方,使其高度一致,確保泡芙塔的穩定性。

7   8

9

9. 用湯匙在修整過的閃電泡芙頂部沾上少許焦糖。

10. 接著放上第二片甜塔皮圓片。

11. 重複相同步驟,使用玻璃瓶作為輔助,但是從這一層開始,僅使用中型閃電泡芙。

10

11

12

12. 在修整過的閃電泡芙頂部淋上焦糖後,放上第三片甜塔皮圓片,製作第三層閃電泡芙,不過這次開始不再使用玻璃瓶輔助。

13. 重複相同步驟,直到放上第五片甜塔皮圓片。

13

14

15

14. 最後放上大型圓形泡芙，然後疊上小型圓形泡芙，兩者之間同樣以一片甜塔皮圓片隔開，並使用焦糖固定。

15. 擠花袋裝上 8 號星形花嘴，裝入巧克力香緹鮮奶油，在所有的閃電泡芙之間與修女泡芙頂部做出波浪花紋。

16. 可視個人喜好，在頂端和泡芙塔上以少許金箔點綴。

16

ÉCLAIR À LA NOISETTE
榛果閃電泡芙

製作時間
2 hrs

烘烤時間
50 mins

分量 20 個

榛果奶霜
- 蛋黃 70g
- 細白砂糖 70g
- 玉米澱粉 50g
- 全脂牛奶 960g
- 香草莢 2 根
- 鹽之花 3g
- 榛果膏 140g
- 吉利丁片 2g
- 奶油 300g

泡芙麵糊
- 鹽 5g
- 細白砂糖 5g
- 奶油 80g，切小塊
  ＋少許烤盤防沾用
- 低脂牛奶 125g
- 水 125g
- T45 麵粉 125g
- 全蛋 200g

榛果淋面
- 細白砂糖 20g
- 水 15g
- 翻糖 350g
- 白巧克力 100g
- 榛果膏 20g

裝飾
- 榛果 500g，烘烤過

工具
- 溫度計（非必要）
- 擠花袋
- 16 齒花嘴
- 尖嘴花嘴
- 10 號圓形花嘴

榛果奶霜
以少許冰水軟化吉利丁片。蛋黃加一半的糖和玉米澱粉混合，攪打至顏色變淺。牛奶和剩餘的糖、香草籽及剖半取籽後的香草莢、鹽之花和榛果膏放入鍋中煮至沸騰。取出香草莢，倒入一部分到蛋黃液中，用打蛋器攪拌均勻，再倒回鍋中加熱，並以打蛋器不斷攪拌。再度沸騰時，快速攪打蛋奶液 2 分鐘。離火，加入瀝乾的吉利丁，攪拌至呈滑順均勻的奶霜狀。倒入大型的扁平容器，以保鮮膜直接貼附表面，冷藏備用。

泡芙麵糊
烤箱預熱至 180℃。鹽、糖和奶油塊放入牛奶和水中加熱融化，煮至沸騰。離火加入已過篩的麵粉。以木勺攪拌至麵團不沾粘鍋子後，倒入調理盆。

快速打散蛋液，少量多次倒入麵糊中，混合至滑順柔軟。烤盤略塗奶油，擠花袋裝上 16 齒花嘴，擠出 20 個長 15cm 的閃電泡芙，烘烤 40～50 分鐘，期間不可打開烤箱門。閃電泡芙烤熟時，會呈現均勻的金黃色，出現些微裂痕。放置室溫備用。

榛果淋面
糖和水放入鍋中煮成透明無色的糖漿。接著加入其餘的材料，用小火煮至融化，同時不斷攪拌。使用時，溫度必須降至 40℃。

組裝 & 裝飾
用尖嘴花嘴在閃電泡芙底部戳三個孔。擠花袋裝上圓形花嘴，填入榛果奶霜，擦去多餘的奶霜，保持表面乾淨。確認淋面為 40℃ 後，將閃電泡芙的頂部浸入，趁淋面溫熱時放上對切為二的榛果。食用前冷藏保存。

ÉCLAIR AU CAFÉ
咖啡閃電泡芙

製作時間	靜置時間	烘烤時間
2 hrs	12 hrs	50 mins

分量 20 個

咖啡奶霜（前一天製作）
- 蛋黃 180g
- 細白砂糖 40g
- 牛奶 380ml
- 打發用鮮奶油 380ml
- 咖啡醬 50g
- 即溶咖啡粉 15g
- 咖啡豆 140g，烘過
- 吉利丁片 6g
- 牛奶巧克力 310g
- 奶油 230g，切小塊

泡芙麵糊
- 鹽 5g
- 細白砂糖 5g
- 奶油 80g，切小塊
  ＋少許塗烤盤防沾
- 低脂牛奶 125g
- 水 125g
- T45 麵粉 125g
- 全蛋 200g

咖啡淋面
- 細白砂糖 20g
- 水 15g
- 翻糖 350g
- 白巧克力 100g
- 咖啡濃縮萃取液 20g
- 現磨咖啡粉 2g

裝飾
- 現磨咖啡粉適量

工具
- 溫度計（非必要）
- 擠花袋
- 16 齒花嘴
- 尖嘴花嘴
- 10 號圓形花嘴

咖啡奶霜

以少許冰水軟化吉利丁片。將蛋黃加糖攪打至顏色變淺。牛奶、鮮奶油、咖啡醬、咖啡粉和完整咖啡豆放入鍋中煮至沸騰。用濾勺取出咖啡豆。將一部分滾燙的液體倒入蛋黃液，以打蛋器攪拌均勻，再全部倒回鍋中。再度加熱至85℃，並以矽膠刮刀不斷攪拌。若沒有溫度計，當蛋奶醬可裹住湯匙時（以手指劃過沾滿蛋奶醬的湯匙會有清楚的痕跡），即可離火。加入瀝乾的吉利丁、巧克力和奶油塊，以手持均質機均質至呈滑順均勻的奶霜狀。以保鮮膜直接貼附表面，冷藏12小時。

泡芙麵糊

烤箱預熱至180℃。鹽、糖和奶油塊放入牛奶和水中加熱融化，煮至沸騰。離火加入已過篩的麵粉。以木勺攪拌至麵團不沾粘鍋子後，倒入調理盆。

快速打散蛋液，少量多次倒入麵糊中，混合至滑順柔軟。烤盤略塗奶油，擠花袋裝上16齒花嘴，擠出20個長15cm的閃電泡芙，烘烤40～50分鐘，期間不可打開烤箱門。閃電泡芙烤熟時，會呈現均勻的金黃色，並出現些微裂痕。放置室溫備用。

咖啡淋面

糖和水放入鍋中煮成透明無色的糖漿。加入現磨咖啡粉以外的材料，以小火煮至融化，同時不斷攪拌。靜置降溫至40℃，再倒入現磨咖啡粉混合均勻，製成仍可看見咖啡粉粒的漂亮牛奶咖啡色淋面。

組裝 & 裝飾

用尖嘴花嘴在閃電泡芙底部戳三個孔。擠花袋裝上圓形花嘴，填入咖啡奶霜。擦去多餘的奶霜，抱持表面乾淨。確認淋面為40℃後，將閃電泡芙的頂部浸入裹上淋面。抹去多餘的淋面，撒上現磨咖啡粉。食用前冷藏保存。

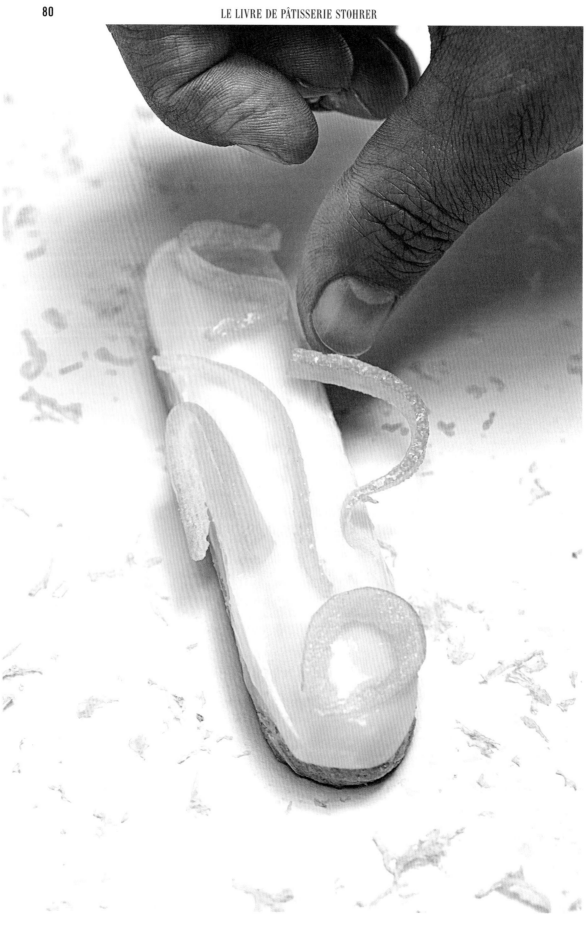

CAROLINE AU CÉDRAT
香櫞卡洛林

「卡洛林是小型閃電泡芙的名稱，也是我表姊的名字，
她和我一起長大，就像我的第二個姊姊。
這道充滿香櫞香氣的配方是獻給她的，向她的科西嘉血統致敬。」

分　　量 40 個
製作時間 2 hrs 15 mins
烘烤時間 42 mins

香櫞甜點奶餡
- 牛奶 1L
- 香櫞 2 顆，削皮絲及榨汁
- 細白砂糖 260g
- 香草莢 1 根
- 蛋黃 240g
- 麵粉 60g
- 玉米澱粉 80g
- 吉利丁片 2g

泡芙麵糊
- 鹽 5g
- 細白砂糖 5g
- 奶油 80g，切小塊
  ＋少許塗烤盤防沾
- 低脂牛奶 125g
- 水 125g
- T45 麵粉 125g
- 全蛋 200g

香櫞淋面
- 細白砂糖 20g
- 水 15g
- 翻糖 450g
- 香櫞皮屑半顆的分量

糖漬香櫞條
- 香櫞皮細條 2 顆的分量
- 細白砂糖 200g
- 水 200g

工具
- 溫度計（非必要）
- 擠花袋
- 16 齒花嘴
- 尖嘴花嘴
- 10 號圓形花嘴

香櫞甜點奶餡
以少許冰水軟化吉利丁片。牛奶、一半分量的糖、香櫞皮絲、香草籽及剖半取籽後的香草莢放入鍋中煮至沸騰。蛋黃加香櫞汁、剩餘的糖、麵粉和玉米澱粉，攪打至顏色變淺。取出香草莢，將一部分滾燙的液體倒入蛋黃液，以打蛋器攪拌均勻，再全部倒回鍋中。加入瀝乾的吉利丁煮沸 2 分鐘，期間不斷快速攪拌。將甜點奶餡倒入大型的扁平容器，以保鮮膜直接貼附表面，冷藏備用。

泡芙麵糊
烤箱預熱至 180°C。鹽、糖和奶油塊放入牛奶和水中加熱融化，煮至沸騰即離火，加入已過篩的麵粉。以木勺攪拌至麵團不沾粘鍋子後，倒入調理盆。快速打散蛋液，少量多次倒入麵糊中，混合至滑順柔軟。烤盤略塗奶油，擠花袋裝上 16 齒花嘴，擠出 40 個長 7cm 的閃電泡芙，烘烤 30 ～ 40 分鐘，期間不可打開烤箱門。閃電泡芙烤熟時會呈現均勻的金黃色，且有些微裂痕。放置室溫備用。

香櫞淋面
糖和水放入鍋中煮成透明無色的糖漿。加入翻糖和香櫞皮屑，以小火煮至融化，同時不斷攪拌。使用時，溫度須降至 40°C。

糖漬香櫞條
香櫞皮細條放入滾水燙過。重複此步驟五次，每一次都要換乾淨的水。接著將水和糖煮成糖漿，放入燙過的香櫞皮細條，維持沸騰 1 分鐘後離火，靜置冷卻。

組裝 & 裝飾
用尖嘴花嘴在閃電泡芙底部戳兩個孔。擠花袋裝上圓形花嘴，填入香櫞甜點奶餡。擦去多餘的甜點奶餡，保持表面乾淨。確認淋面為 40°C 後，將卡洛林泡芙的頂部浸入裹上淋面。抹去多餘的淋面，趁淋面溫熱時，放上少許瀝乾的糖漬香櫞皮條。食用前冷藏保存。

LES PAVLOVAS

帕芙洛娃

---

4 道搭配精美圖片的配方

---

1 款經典配方　　3 款創意變化

FRAMBOISE
CHOCOLAT - CARAMEL
PÊCHE - VERVEINE

et la

PAVLOVA
PISTACHE - FRUITS DES BOIS

覆盆子帕芙洛娃・巧克力焦糖帕芙洛娃
桃子馬鞭草帕芙洛娃・開心果森林莓果帕芙洛娃

經典配方的步驟分解圖
見第 86 ～ 87 頁

PAVLOVA FRAMBOISE
覆盆子帕芙洛娃

製作時間	靜置時間	烘烤時間
1 hr 20 mins	2 hrs	1 hr 5 mins

分量 6 人

香草甜點奶餡
- 牛奶 250g
- 糖 60g
- 香草莢 2 根
- 蛋黃 50g
- 麵粉 20g
- 玉米澱粉 15g

蛋白霜
- 新鮮蛋白 100g
- 細白砂糖 100g
- 糖粉 50g

馬斯卡彭香緹鮮奶油
- 打發用鮮奶油 400g
- 馬斯卡彭乳酪 125g
- 糖粉 20g
- 香草莢 2 根，剖半取籽

糖煮覆盆子
- 新鮮覆盆子 200g
- 細白砂糖 50g
- NH 果膠粉 5g

裝飾
- 新鮮覆盆子 400g

工具
- 擠花袋
- 14 號圓形花嘴
- 8 號圓形花嘴

香草甜點奶餡
將牛奶、一半分量的糖、香草籽及剖半取籽後的香草莢放入鍋中煮至沸騰。蛋黃和剩下的糖放入調理盆，攪打至顏色變淺，加入事先過篩的麵粉和玉米澱粉拌勻。取出香草莢，將少許滾燙的牛奶倒入麵糊中，以打蛋器攪拌均勻，再倒回鍋中煮沸 3 分鐘，同時以打蛋器快速攪拌。將甜點奶餡倒入容器，以保鮮膜貼附表面，冷藏 2 小時。

蛋白霜
烤箱預熱至 110℃。攪拌機裝攪拌球，所有材料倒入攪拌盆，以高速打發蛋白至緊實的<u>乾性發泡程度</u>。擠花袋裝 14 號圓形花嘴，在烤盤上從大到小<u>擠出</u>層疊三球蛋白霜，做出金字塔造型。烘烤 1 小時，然後靜置冷卻。

馬斯卡彭香緹鮮奶油
攪拌器裝攪拌球，所有食材倒入攪拌盆，打發成香緹鮮奶油。冷藏保存至使用前。

糖煮覆盆子
事先混合一半的糖和果膠粉。覆盆子與剩餘的糖放入鍋中以小火熬煮，沸騰時加入混合好的果膠糖粉續煮 1 分鐘，然後冷藏備用。

72. — Corps de la meringue en ruche.

組裝 & 裝飾
☞ 見下頁的步驟分解

蛋白霜烘烤過程中不會塌陷的關鍵，
在於成功擠出筆直的金字塔造型。

| 1 | 2 | 3 |

組裝 & 裝飾

1. 備妥所有組裝所需的材料與工具。

2. 在餐盤中擠出圓頂狀的香草甜點奶餡。周圍擺放一圈新鮮覆盆子。

3. 覆盆子上擠兩圈馬斯卡彭香緹鮮奶油。

4　　　　　　　　　　　　　　　5　　　　　　　　　　　　　　　6

4. 在鮮奶油中央的凹陷處擠入少許糖煮覆盆子。

5. 在蛋白霜底部小心戳出凹洞，使用 8 號圓形花嘴填入少許糖煮覆盆子，
　 再填入香緹鮮奶油。

6. 將蛋白霜放在香緹鮮奶油和覆盆子上。

7. 接著可以淋上少許糖煮覆盆子果泥……

8. ……或是很多果泥，跟著感覺走就對了！

7　　　　　　　　　　　　　　　8

PAVLOVA CHOCOLAT-CARAMEL
巧克力焦糖帕芙洛娃

製作時間	靜置時間	烘烤時間
1 hr 35 mins	4 hrs	4 hrs

分量 6 人

蛋白霜
- 新鮮蛋白 150g
- 細白砂糖 150g
- 糖粉 75g
- 可可碎粒適量

巧克力占度亞甘納許
- 打發用鮮奶油 100g
- 調溫黑巧克力 60g
- 黑占度亞巧克力 50g
- 鹽之花 1 小撮

鹽味奶油焦糖
- 打發用鮮奶油 200g
- 細白砂糖 200g
- 鹽味奶油 20g

巧克力慕斯
- 調溫黑巧克力 165g
- 細白砂糖 35g
- 水 20g
- 蛋黃 54g
- 打發用鮮奶油 320g

工具
- 直徑 18cm× 高 4.5cm 圓形圈模
- 直徑 16cm 圓形圈模
- 溫度計
- 擠花袋
- 10 號圓形花嘴
- 12 號圓形花嘴
- Rhodoïd 塑膠圍邊

蛋白霜
烤箱預熱至 90℃。攪拌機裝攪拌球，將可可碎粒以外的材料倒入攪拌盆，以高速打發蛋白至緊實的乾性發泡程度。利用直徑 18cm 的圈模，在紙上畫兩個圓形作為基準。將烘焙紙翻面，擠花袋裝 12 號圓形花嘴，從畫好的圓形中心，以螺旋狀擠出打發蛋白，表面撒上可可碎粒。烘烤至少 4 小時，置於乾燥處冷卻。

巧克力占度亞甘納許
鮮奶油放入鍋中煮至沸騰。離火，淋在巧克力、占度亞巧克力和鹽之花上，以手持均質機均質。烤盤鋪保鮮膜，放上直徑 16cm 的圈模，倒入甘納許。冷凍 1 小時。

鹽味奶油焦糖
鮮奶油放入鍋中煮至沸騰。另取一個鍋子，用砂糖製作乾式焦糖。將滾燙的鮮奶油倒入焦糖鍋中使其融解，再加入奶油混合均勻。放置常溫備用。

巧克力慕斯
隔水加熱融化巧克力。糖和水加熱至 120℃ 煮成糖漿。攪拌器裝攪拌球打發蛋黃，接著慢慢倒入糖漿，攪打成輕盈綿密的沙巴雍。沙巴雍冷卻後，混入事先打發的鮮奶油。最後使用矽膠刮刀分三次拌入融化巧克力，混合成均勻的慕斯。

組裝 & 裝飾
直徑 18cm 圈模內側鋪塑膠圍邊。放進第一片蛋白霜，擠花袋裝 10 號圓形花嘴，沿著邊緣擠出球形慕斯，約為圈模高度的 3 / 4。冷凍甘納許圓片放在正中央，以慕斯完全覆蓋，放上第二片蛋白霜。冷藏 2 小時。移除圈模，搭配鹽味奶油焦糖享用。

PAVLOVA PÊCHE-VERVEINE
桃子馬鞭草帕芙洛娃

製作時間	靜置時間	烘烤時間
1 hr 30 mins	12 hrs + 30 mins	4 hrs

分量 8 人

馬鞭草香緹鮮奶油
（前一天製作）
- 打發用鮮奶油 ❶ 150g
- 新鮮馬鞭草葉 10g
- 細白砂糖 30g
- 吉利丁片 6g
- 冰涼的打發用鮮奶油 ❷ 300g

蛋白霜
- 新鮮蛋白 100g
- 細白砂糖 100g
- 糖粉 50g

糖煮白桃
- 新鮮桃子 200g，切丁
- 細白砂糖 20g
- NH 果膠粉 3g

裝飾
- 白桃，切瓣與切丁
- 乾燥馬鞭草粉

工具
- Flexipan® 直徑 6cm 半圓八連模
- 擠花袋
- 10 號圓形花嘴
- 20 號星形花嘴

馬鞭草香緹鮮奶油
以少許冰水泡軟吉利丁。鮮奶油 ❶ 放入鍋中煮沸，離火，放入馬鞭草葉浸泡 30 分鐘。濾去葉片後，鍋子放回爐火上，加糖煮至沸騰。加入瀝乾的吉利丁混合均勻，倒入裝有冰涼打發用鮮奶油 ❷ 的容器，以手持均質機均質。冷藏至少 12 小時。

蛋白霜
烤箱預熱至 90°C。攪拌機裝攪拌球，倒入所有材料，以高速打發蛋白至緊實的乾性發泡程度。擠花袋裝上圓形花嘴，從半圓多連模底部開始，緊貼模具內側，擠出層層疊起的螺旋條狀，至模具邊緣為止，形成中空的蛋白霜圓頂。烘烤 4 小時。靜置於乾燥處冷卻。

糖煮白桃
桃子與一半分量的糖放入鍋中，以小火加熱。事先混合剩餘的糖和果膠粉，在桃子沸騰時加入，續煮 1 分鐘，冷藏備用。

組裝 & 裝飾
充分打發馬鞭草香緹鮮奶油，至質地緊實硬挺。在蛋白霜圓頂內，填入糖煮白桃與少許新鮮桃子丁。擠花袋裝上星形花嘴，在上方擠出美麗的螺旋馬鞭草香緹鮮奶油。撒上乾燥馬鞭草粉，最後以新鮮桃子片點綴即完成。

可利用刨刀
稍微刨平蛋白霜底部，
確保圓頂的穩定度。

PAVLOVA PISTACHE-FRUITS DES BOIS
開心果森林莓果帕芙洛娃

「姊姊是我最要好的朋友,也是給我最中肯建議的人,
從小就帶給我慰藉與愉快輕鬆的心情。
就像這道帕芙洛娃中的蛋白霜,繽紛又可人,是最能代表姊姊的甜點。」

分　　量 8 人
製作時間 1 hr 15 mins
靜置時間 12 hrs
烘烤時間 4 hrs

開心果香緹鮮奶油（前一天製作）
● 白巧克力 300g
● 開心果醬 60g
● 打發用鮮奶油 ❶ 650g
● 冰涼的打發用鮮奶油 ❷ 150g

蛋白霜
● 新鮮蛋白 200g
● 細白砂糖 200g
● 糖粉 100g

糖煮莓果
● 新鮮綜合莓果
　（草莓、覆盆子、櫻桃、
　黑莓、藍莓等）200g
● 細白砂糖 20g
● NH 果膠粉 5g

裝飾
● 新鮮莓果

工具
● 擠花袋
● 11 號圓形花嘴

開心果香緹鮮奶油
混合融化白巧克力與開心果醬。鮮奶油 ❶ 放入鍋中煮沸,倒入開心果白巧克力糊中。加入冰涼的鮮奶油 ❷,以手持均質機均質。冷藏至少 12 小時。

蛋白霜
烤箱預熱至 90°C。攪拌機裝攪拌球,所有材料倒入攪拌盆,以高速打發蛋白至緊實的乾性發泡程度。利用圈模在烘焙紙上畫一個直徑 20cm 的圓形。將烘焙紙翻面,擠花袋裝上圓形花嘴,沿著畫出的圓擠一圈球形蛋白霜,中間以螺旋狀擠花填滿。烘烤至少 4 小時,置於乾燥處冷卻。

糖煮莓果
將綜合莓果與一半分量的糖放入鍋中,以小火加熱。事先混合剩餘的糖和果膠粉,在莓果沸騰時加入,續煮 1 分鐘,冷藏備用。

組裝 & 裝飾
充分打發開心果香緹鮮奶油至緊實硬挺。擠花袋裝上圓形花嘴,在構成帕芙洛娃邊緣的球形蛋白霜上,擠出一圈小球狀的開心果香緹鮮奶油。中心也仔細地填入香緹鮮奶油,並在中央保留凹洞,倒入糖煮莓果。最後擺上新鮮綜合莓果,整理成圓頂狀即完成。

**開心果與莓果的組合,
是絕不出錯的美味。**

LES GALETTES
國王派

---

4 道搭配精美圖片的配方

---

1 款經典配方　　　　3 款創意變化

FRANGIPANE
CHOCOLAT
CITRON VERT
et la
GALETTE DE MAMIE
ANNETTE

杏仁奶油國王派・巧克力國王派・青檸國王派・安妮特奶奶的國王派

經典配方的步驟分解圖
見第 98 ～ 99 頁

GALETTE À LA FRANGIPANE
杏仁奶油國王派

製作時間	靜置時間	烘烤時間
2 hrs 15 mins	6 hrs 30 mins	35 mins

分量 10 人

反折千層麵團
（分量多於實際所需）
油麵團
- 室溫摺疊用奶油 330g
- T55 麵粉 130g
水麵團
- 鹽 8g
- 水 125g
- 白醋 3g
- 奶油 100g，切小塊
- T55 麵粉 300g
  ＋少許工作檯防沾用

杏仁奶油餡
- 奶油 65g
- 細白砂糖 50g
- 杏仁粉 65g
- 全蛋 50g
- 50% 杏仁膏 30g
- 蘭姆酒 20ml
- 香草精 1.5g
- 麵粉 12g
- 甜點奶餡 65g

裝飾用糖漿
- 細白砂糖 20g
- 水 15g

裝飾
- 全蛋 1 顆

工具
- 直徑 30cm 圈模
- 擠花袋
- 12 號圓形花嘴
- 瓷偶

反折千層麵團
油麵團 以矽膠刮刀或裝攪拌葉片的攪拌機，將室溫軟化的奶油攪拌均勻。加入麵粉。注意，混合時不可使麵團升溫或乳化。麵團放在兩張烘焙紙之間，擀成 25×45cm 的長方形。冷藏鬆弛 1 小時。

水麵團 調理盆中放入冷水（18 ～ 20℃），加入鹽使其溶化，再放入白醋與奶油塊。攪拌機裝攪拌勾，放入麵粉和調理盆中的混合材料，攪拌成質地均勻的麵團。將水麵團擀成邊長約 25cm 的正方形，以保鮮膜包起，冷藏鬆弛 1 小時。

折疊 將水麵團置中放在油麵團上，折起油麵團，使其完全包覆水麵團，再擀成厚度 1cm 的帶狀。讓麵團的短邊朝向自己，分別將麵團的上下方往中央折，兩邊的麵團邊緣要間隔 2cm。接著從中央對折，形成四層的正方形麵團，完成第一

次雙折。冷藏鬆弛 1 小時。麵團擀成厚度 1cm 的長方形，重複前述的步驟，完成第二次雙折。以保鮮膜包起麵團，冷藏 2 小時。接著進行單折（從上方 1／3 處將麵團往中央折，下方 1／3 則蓋在前者之上，形成三層麵團而非四層）。擀至厚度 0.3cm，冷藏鬆弛 30 分鐘。

杏仁奶油餡
以矽膠刮刀將奶油、糖、杏仁粉混拌成乳霜狀。蛋液與杏仁膏混合均勻，加入奶油糖糊中，以打蛋器打發。加入蘭姆酒、香草精，然後放入麵粉。與甜點奶餡混合，再度以打蛋器打發至質地輕盈蓬鬆。

裝飾用糖漿
加熱水和砂糖，煮成透明無色的糖漿。

組裝 & 裝飾
☞ 見下頁的步驟分解

麵團一定要擀得夠薄，方可讓國王派更加入口即化。

視個人喜好，在國王派中填入 300 ～ 350g 的杏仁奶油。

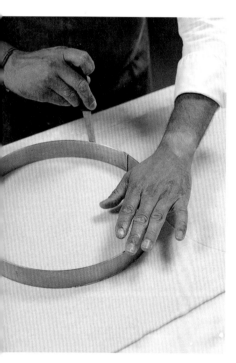  

| 1 | 2 | 3 |

組裝 & 裝飾

1. 利用直徑 30cm 的圈模切下兩片擀薄的千層派皮，每片約重 280g。

2. 取一片派皮放在工作檯上，在派皮邊緣刷一圈水。

3. 擠花袋裝上圓形花嘴，擠上杏仁奶油（約 340g）。

4   5   6

4. 別忘了放入瓷偶！

5. 蓋上另一片派皮。

6. 壓緊封起國王派邊緣，放在鋪了烘焙紙的烤盤上。

7. 刷上一層蛋液，充分冷藏靜置，使國工派變得硬實。刷上第二層蛋液，
   再度冷藏。

8. 用刀尖在國王派表面<u>刻出放射狀漩渦花紋</u>，以 180℃ 烘烤約 35 分鐘。出
   爐時立刻刷上糖漿。

7   8

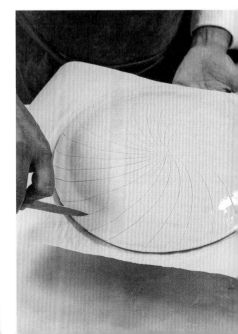

GALETTE AU CHOCOLAT
巧克力國王派

製作時間	靜置時間	烘烤時間
2 hrs 30 mins	6 hrs 30 mins	35 mins

分量 10 人

反折可可千層麵團
（分量多於實際所需）

可可油麵團
- 室溫摺疊用奶油 300g
- 可可粉 70g

水麵團
- 鹽 7g
- 水 170g
- 白醋 1 小匙
- 奶油 100g，切小塊
- 精白高筋麵粉 370g

巧克力杏仁奶油餡
- 奶油 100g
- 可可膏 75g
- 細白砂糖 50g
- 杏仁粉 100g
- 全蛋 2 顆
- 馬斯卡彭乳酪 30g
- 麵粉 8g

裝飾
- 杏仁 400g，去皮
- 黑巧克力 60g，切碎
- 全蛋 1 顆
- 可可粉適量

工具
- 直徑 30cm 圈模
- 擠花袋
- 12 號圓形花嘴
- 瓷偶

反折可可千層麵團
可可油麵團　以矽膠刮刀或裝攪拌葉片的攪拌機，將室溫軟化的奶油攪拌均勻。加入可可粉。注意，混合時不可使麵團升溫或乳化。麵團放在兩張烘焙紙之間，擀成 30×20cm 的長方形。冷藏鬆弛 1 小時。

水麵團　調理盆中放入冷水（18 ～ 20℃），加入鹽使其溶化，然後放入白醋與奶油塊。

攪拌機裝攪拌勾，放入麵粉和調理盆中的混合材料，攪拌成質地均勻的麵團。將水麵團擀成約 15×20cm 的長方形，以保鮮膜包起，冷藏鬆弛 1 小時。

折疊　將水麵團置中放在油麵團上，折起油麵團，使其完全包覆水麵團，再擀成厚度 1cm 的帶狀。讓麵團的短邊朝向自己，分別將麵團的上下方往中央折，兩邊的麵團邊緣要間隔 2cm。接著從中央對折，形成四層的正方形麵團，便完成一次雙折，再次冷藏鬆弛 1 小時。麵團擀成厚度 1cm 的長方形，重複前述的步驟，完成第二次雙折。以保鮮膜包起麵團，冷藏 2 小時。接著進行單折（從上方 1/3 處將麵團往中央折，下方 1/3 則蓋在前者之上，形成三層麵團而非四層）。擀至厚度 0.3cm，冷藏鬆弛 30 分鐘。

16. — Feuilletage. — 2ᵉ opération.

巧克力杏仁奶油餡

以矽膠刮刀將奶油、可可膏、糖、杏仁粉混拌成乳霜狀。蛋液與杏仁膏混合均勻，加入奶油糖糊中，以打蛋器打發。加入麵粉，再度以打蛋器打發至質地輕盈蓬鬆。

組裝 & 裝飾

利用直徑 30cm 圈模，切下兩片擀薄的千層派皮，每片約重 280g。取一片派皮放在工作檯上，派皮邊緣刷一圈水。擠花袋裝上圓形花嘴，擠上巧克力杏仁奶油餡（約 340g）。別忘了放入瓷偶。蓋上另一片派皮，壓緊封起國王派邊緣，放上鋪烘焙紙的烤盤。刷上一層蛋液，充分冷藏靜置，使國王派變得硬實。刷上第二層蛋液，再度冷藏。烤箱預熱至 180°C。將杏仁在國王派表面上排成螺旋紋，烘烤約 35 分鐘。靜置冷卻，撒滿可可粉即可享用。

**完成兩次雙折後，千層麵團可冷藏保存數日。
未使用的麵團可冷凍保存兩週。**

GALETTE AU CITRON VERT
青檸國王派

製作時間	靜置時間	烘烤時間
2 hrs 40 mins	6 hrs 30 mins	35 mins

分量 10 人

反折千層麵團

（分量多於實際所需）

油麵團
- 室溫摺疊用奶油 330g
- T55 麵粉 130g
- 青檸皮絲 4 顆的分量

水麵團
- 鹽 8g
- 水 125g
- 白醋 3g
- 奶油 100g，切小塊
- T55 麵粉 300g
  ＋少許工作檯防沾用

榛果奶油餡
- 奶油 65g
- 細白砂糖 50g
- 榛果粉 65g
- 全蛋 50g
- 榛果膏 30g
- 青檸皮絲 1 顆的分量
- 義大利檸檬酒（limoncello）20g
- 香草精 1.5g
- 麵粉 12g
- 甜點奶餡 65g

青檸果凝
- 細白砂糖 100g
- 青檸汁 200g
- 香草莢 1 根
- NH 果膠粉 8g

裝飾
- 全蛋 1 顆
- 青檸果瓣適量，去膜
- 青檸皮絲適量

工具
- 直徑 30cm 圈模
- 擠花袋
- 12 號圓形花嘴
- 瓷偶
- 6 號圓形花嘴

反折千層麵團

油麵團　以矽膠刮刀或裝攪拌葉片的攪拌機，將室溫軟化的奶油攪拌均勻。加入麵粉。注意，混合時不可使麵團升溫或乳化。麵團放在兩張烘焙紙之間，擀成 25×45cm 的長方形。冷藏鬆弛 1 小時。

水麵團　調理盆中放入冷水（18～20℃），加入鹽使其溶化，再放入白醋與奶油塊。攪拌機裝攪拌勾，放入麵粉和調理盆中的混合材料，攪拌成質地均勻的麵團。將水麵團擀成邊長約 25cm 的正方形，以保鮮膜包起，冷藏鬆弛 1 小時。

折疊　將水麵團置中放在油麵團上，折起油麵團，使其完全包覆水麵團，再擀成厚度 1cm 的帶狀。讓麵團的短邊朝向自己，分別將麵團的上下方往中央折，兩邊的麵團邊緣要間隔 2cm。接著從中央對折，形成四層的正方形麵團，如此便完成一次雙折，再次冷藏鬆弛 1 小時。麵團擀成厚度 1cm 的長方形。重複前述的步驟，完成第二次雙折。以保鮮膜包起麵團，冷藏 2 小時。接著進行單折（從上方 1／3 處將麵團往中央折，下方 1／3 則蓋在前者之上，形成三層麵團而非四層）。擀至厚度 0.3cm，冷藏鬆弛 30 分鐘。

榛果奶油餡

以矽膠刮刀將奶油、糖、榛果粉混拌成乳霜狀。蛋液與榛果膏混合均勻,加入奶油糖糊中,以打蛋器打發。加入檸檬酒、香草精,然後放入麵粉。與甜點奶餡混合,再度以打蛋器打發至質地輕盈蓬鬆。

青檸果凝

一半分量的糖、青檸汁、香草籽及香草莢放入鍋中煮至沸騰,再倒入事先混合好的果膠粉和砂糖。再度煮至沸騰,攪打後冷凍備用。

組裝 & 裝飾

利用直徑 30cm 圈模,切下兩片擀薄的千層派皮麵團,每片約重 280g。取一片麵團放在工作檯上,派皮邊緣刷一圈水。擠花袋裝 12 號圓形花嘴,擠上巧克力榛果奶霜(約 340g)。別忘了放入瓷偶。蓋上另一片麵團,壓緊封起國王派邊緣,放上鋪烘焙紙的烤盤。刷上一層蛋液,充分冷藏靜置,使國王派變得硬實。刷上第二層蛋液,再度冷藏。烤箱預熱至 180℃。用刀尖在國王派表面刻上放射狀漩渦花紋,以 180℃ 烘烤約 35 分鐘。靜置冷卻。從冷凍庫中取出糖漬青檸,以手持均質機均質。擠花袋裝 6 號圓形花嘴,填入糖漬青檸,在國王派上方擠出螺旋狀紋樣,並以少許青檸果瓣與青檸皮絲裝飾。

製作這道配方時,可以運用其他種類的檸檬,
變化不同的酸度與香氣,
例如黃檸檬、芒通檸檬(citron de Menton)等。

GALETTE DE MAMIE ANNETTE
安妮特奶奶的國王派

「奶奶最大的樂趣，就是全家人圍繞在她身旁。
國王派的傳統以極強烈的方式展現其象徵，那就是家庭團聚時的熱鬧氛圍。
因此，我為這道配方加入象徵奶奶摩洛哥血統的香氣，也就是橙花和芝麻。」

分　　量 8 人
製作時間 40 mins
烘烤時間 30 mins

芝麻橙花杏仁奶油餡
- 打膏狀奶油 50g
- 細白砂糖 50g
- 全蛋 50g
- 橙花水 20g
- 杏仁粉 50g
- 玉米澱粉 1 小匙
- 芝麻 50g，烘烤過

組裝 & 裝飾
- 奶油 100g
- 蜂蜜 100g
- 直徑 25cm 北非薄餅皮（feuille de brick）5 張
- 完整杏仁 40g，烘烤過
- 芝麻適量，烘烤過

工具
- 直徑 20cm 圈模
- 擠花袋
- 10 號圓形花嘴
- 刷子

芝麻橙花杏仁奶油餡
以打蛋器將奶油和糖攪拌至柔軟濃稠。倒入蛋液和橙花水，繼續攪拌至均勻。加入杏仁粉，接著倒入玉米澱粉攪拌。最後加入烘烤過的芝麻粒，用矽膠刮刀拌勻。冷藏備用。

62. — Douilles.

組裝 & 裝飾
烤箱預熱至 180℃。奶油和蜂蜜放入鍋中加熱至融化。烤盤鋪烘焙紙，放上直徑 20cm 圈模。放進第一張薄餅皮，讓餅皮露出圈模邊緣，刷滿奶油蜂蜜。疊上第二張薄餅皮，重複上述步驟。擠花袋裝 10 號圓形花嘴，由中心向外將芝麻橙花杏仁奶油餡擠成螺旋形。烘烤過的杏仁輕輕壓入杏仁奶油餡中。接著放上第三張薄餅皮，刷上奶油蜂蜜，第四張薄餅皮也重複同樣步驟。最後放上第五張薄餅皮，同樣塗刷奶油蜂蜜，餅皮邊緣向內稍微抓皺。撒上少許芝麻粒，烘烤 30 分鐘。無論溫熱或冷卻後享用，皆十分美味。

組裝時，
隨心所欲地賦予薄餅皮
各種姿態，
盡情展現你的靈感。

LES PUITS D'AMOUR

愛之井

5 道搭配精美圖片的配方

1 款經典配方　　　　　　　　4 款創意變化

PUITS D'AMOUR

BOUCHÉE À LA REINE

GROSEILLES CHOCOLAT
et le
PUITS POUR MON AMOUR

愛之井‧皇后一口酥‧紅醋栗愛之井‧巧克力愛之井‧獻給吾愛的愛之井

經典配方的步驟分解圖
見第 114 ～ 115 頁

PUITS D'AMOUR
愛之井

愛之井是廚師文森・拉夏培（Vicent La Chapelle）發明的，出現在他 1733 年出版的（英文）著作《現代廚師》（*Le Cuisinier moderne*）中。拉夏培當時是龐巴度夫人（marquise de Pompadour）的廚師，傳說這道食譜是為了獻給她而創作的。據說這款填入果醬的小巧甜點引人遐想，進而在當時引發爭議……不過卻逗得身為龐巴度夫人「密友」的路易十五相當開心。愛之井是以泡芙麵糊或千層麵團製成的小凹槽，填滿柑橘果醬或紅醋栗凝凍。隨著時代變遷，果醬也自然而然被甜點奶餡或希布斯特奶餡取代，使風味更濃郁，甜度也較低。「史托雷製作這款糕點的歷史悠久，配方從未改變。」傑弗瑞強調：「我覺得用鐵炙燒出焦糖的手法很有意思，看著糖冒出火焰，有點變魔術的味道。」

分　　量 10 人
製作時間 2 hrs 20 mins
靜置時間 8 hrs 30 mins
烘烤時間 23 mins

反折千層麵團
（分量多於實際所需）
油麵團
● 室溫摺疊用奶油 330g
● T55 麵粉 130g
水麵團
● 鹽 8g
● 水 125g
● 白醋 3g
● 奶油 100g，切小塊
● T55 麵粉 300g
　＋少許工作檯防沾用

甜點奶餡
● 牛奶 250ml
● 香草莢 1 根
● 蛋黃 120g
● 細白砂糖 50g
● 卡士達粉 25g

烘烤
● 全蛋 1 顆

裝飾
● 砂糖 100g

工具
● 直徑 7cm 圈模
● 直徑 3cm 圈模
● 擠花袋
● 12 號圓形花嘴
● 噴槍或焦糖炙燒鐵板

反折千層麵團
油麵團　以矽膠刮刀或裝攪拌葉片的攪拌機，將室溫軟化的奶油攪拌均勻。加入麵粉。注意，混合時不可使麵團升溫或乳化。麵團放在兩張烘焙紙之間，擀成 25×45cm 的長方形。冷藏鬆弛 1 小時。
水麵團　調理盆中放入冷水（18～20℃），加入鹽使其溶化，再放入白醋與奶油塊。攪拌機裝攪拌勾，放入麵粉和調理盆中的混合材料，攪拌成質地均勻的麵團。將水麵團擀成邊長約 25cm 的正方形，以保鮮膜包起，冷藏鬆弛 1 小時。

**注意千層麵團的熟度，
這點非常重要。
烤至金黃酥脆的千層，
能讓愛之井的滋味更出色。**

折疊　將水麵團置中放在油麵團上，折起油麵團，使其完全包覆水麵團，再擀成厚度 1cm 的帶狀。讓麵團的短邊朝向自己，分別將麵團的上下方往中央折，兩邊的麵團邊緣要間隔 2cm。接著從中央對折，形成四層的正方形麵團，如此便完成一次雙折，再次冷藏鬆弛 1 小時。麵團擀成厚度 1cm 的長方形。重複前述的步驟，完成第二次雙折。以保鮮膜包起麵團，冷藏 2 小時。接著進行單折（從上方 1 / 3 處將麵團往中央折，下方 1 / 3 則蓋在前者之上，形成三層麵團而非四層）。擀至厚度 0.3 公分，冷藏鬆弛 30 分鐘。

甜點奶餡
牛奶、香草籽及香草莢煮至沸騰。將蛋黃和糖攪打至顏色變淺，加入事先過篩的卡士達粉。取出香草莢，將少許沸騰牛奶倒入蛋糖糊中，以打蛋器混合均勻，接著再倒回鍋中煮沸 3 分鐘，過程中要不斷攪打。完成的甜點奶餡倒入容器，以保鮮膜直接貼附表面後，冷藏 2 小時。

烘烤、組裝 & 裝飾
☞ 見下頁的步驟分解

FIG. 141. — BOÎTE A COUPE-PATE.

史托雷愛之井的正字標記？
使用鐵板製作焦糖，使外觀色澤焦香誘人。

烘烤時，千層麵團會略微向內膨脹，
因此必須小心挖出夠深的凹槽，才能填入餡料。

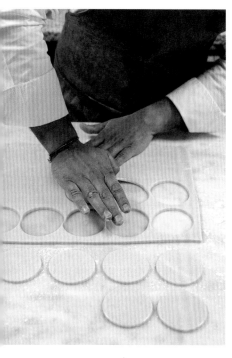

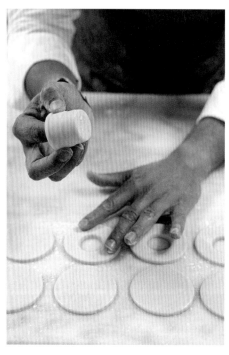

1   2   3

烘烤、組裝 & 裝飾

1. 烤箱預熱至 180℃。利用直徑 7cm 圈模，在擀至 0.2cm 厚的派皮
   上，切出 20 個小圓片

2. 接著用直徑 3cm 圈模挖空其中 10 片的中心，使其成為環狀。

3. 環狀派皮疊合在完整圓派皮上，做出類似奶油酥盒的外殼。用
   刷子在表面塗刷蛋液。

4	5	6

4. 以 180°C 烘烤 20 分鐘。接著將中心挖空,做出形狀規則的凹槽。

5. 擠花袋裝 12 號圓形花嘴,在酥盒中填入甜點奶餡,上方擠成漂亮的圓頂。

6. 撒上砂糖。

7. 使用噴槍或焦糖化鐵板(烤布蕾專用鐵板),<u>使表面焦糖化</u>。重複三次,
   以做出漂亮的焦糖化效果。

8. 完成的愛之井必須呈現焦黃可口的金黃色澤!

7	8

BOUCHÉE À LA REINE DE NICOLAS STOHRER
史托雷的皇后一口酥

製作時間	靜置時間	烘烤時間
2 hrs 15 mins	6 hrs 30 mins	20 mins

分量 10 人

反折千層麵團
（分量多於實際所需）
油麵團
- 室溫摺疊用奶油 330g
- T55 麵粉 130g

水麵團
- 鹽 8g
- 水 125g
- 白醋 3g
- 奶油 100g，切小塊
- T55 麵粉 300g
  ＋少許工作檯防沾用

烘烤
- 全蛋 1 顆

內餡
- 蘑菇 300g
- 紫洋蔥 2 顆
- 奶油 ❶ 30g
- 雞胸肉 300g
- 小牛肉丸或雞肉丸 300g

白醬
- 奶油 ❷ 50g
- 麵粉 50g
- 馬德拉酒 4 大匙
- 牛奶 400g
- 打發用鮮奶油 200g
- 鹽 1 小撮
- 胡椒 1 小撮
- 肉豆蔻 1 小撮

工具
- 直徑 7cm 圈模
- 直徑 5cm 圈模

反折千層麵團
油麵團 以矽膠刮刀或裝攪拌葉片的攪拌機，將室溫軟化的奶油攪拌均勻。加入麵粉。注意，混合時不可使麵團升溫或乳化。麵團放在兩張烘焙紙之間，擀成 25×45cm 的長方形。冷藏鬆弛 <u>1 小時</u>。

水麵團 調理盆中放入冷水（18 ～ 20℃），加入鹽使其溶化，然後放入白醋與奶油塊。攪拌機裝攪拌勾，放入麵粉和調理盆中的混合材料，攪拌成質地均勻的麵團。將水麵團擀成邊長約 25cm 的正方形，以保鮮膜包起，冷藏鬆弛 1 小時。

皇后一口酥
是愛之井的鹹味變化版，
是尼古拉 · 史托雷
為路易十五的妻子
瑪麗 · 萊什琴斯基所創作。

折疊 將水麵團置中放在油麵團上，折起油麵團，使其完全包覆水麵團，再擀成厚度 1cm

的帶狀。讓麵團的短邊朝向自己，分別將麵團的上下方往中央折，兩邊的麵團邊緣要間隔2cm。接著從中央對折，形成四層的正方形麵團，如此便完成一次雙折，再次冷藏鬆弛1小時。麵團擀成厚度1cm的長方形。重複前述的步驟，完成第二次雙折。以保鮮膜包起麵團，冷藏2小時。接著進行單折（從上方1/3處將麵團往中央折，下方1/3則蓋在前者之上，形成三層麵團而非四層）。擀至厚度0.3cm，冷藏鬆弛30分鐘。

烘烤 烤箱預熱至180℃。利用直徑7cm的圈模，在擀至厚度0.2cm的派皮上，切割出20個圓片。其中10片以直徑5cm的圈模挖空中心，形成邊緣規則的環狀。環狀派皮疊合在完整圓派皮上，做出類似奶油酥盒的外殼。用刷子在表面塗刷上色用蛋液。烘烤20分鐘。

內餡
蘑菇洗淨後切薄片。紫洋蔥切碎。雞胸肉和肉丸切丁。奶油❶放入鍋中融化，轉為漂亮的金褐色時，放入洋菇和洋蔥炒香。接著放入雞肉和肉丸。

白醬 另取一個鍋子，放入奶油❷融化，加熱至轉為紅褐色。加入麵粉，以打蛋器充分攪打數分鐘，奶油糊變得濃稠均勻後倒入馬德拉酒。接著倒入事先加熱的牛奶和打發用鮮奶油，同時不斷以打蛋器攪拌，然後放入鹽、胡椒、肉豆蔻。白醬質地應為可裹住打蛋器的濃稠狀態。用矽膠刮刀混合白醬與炒香的蘑菇肉丁。

組裝
用小刀切下中間隆起的酥皮，接著挖空內部，做出形狀規則的凹槽。填入大量熱騰騰的內餡醬料，形成圓頂。最後放上切下的圓酥皮。以烤箱加熱皇后一口酥數分鐘，即可享用。

PUITS D'AMOUR AUX GROSEILLES
紅醋栗愛之井

製作時間	靜置時間	烘烤時間
2 hrs 10 mins	6 hrs 30 mins	20 mins

分量 10 人

反折千層麵團
（分量多於實際所需）
油麵團
- 室溫摺疊用奶油 330g
- T55 麵粉 130g

水麵團
- 鹽 8g
- 水 125g
- 白醋 3g
- 奶油 100g，切小塊
- T55 麵粉 300g
  ＋少許工作檯防沾用

紅醋栗奶霜
- 新鮮紅醋栗 300g
- 黃檸檬汁 100g
- 全蛋 180g
- 細白砂糖 100g
- 蛋黃 160g
- 吉利丁片 8g
- 黃檸檬皮絲 6 顆的分量
- 奶油 200g

裝飾
- 連枝醋栗 250g

工具
- 直徑 7cm 圈模
- 直徑 5cm 圈模
- 擠花袋
- 12 號圓形花嘴

反折千層麵團
油麵團　以矽膠刮刀或裝攪拌葉片的攪拌機，將室溫軟化的奶油攪拌均勻。加入麵粉。注意，混合時不可使麵團升溫或乳化。麵團放在兩張烘焙紙之間，擀成 25×45cm 的長方形。冷藏鬆弛 1 小時。

水麵團　調理盆中放入冷水（18～20℃），加入鹽使其溶化，然後放入白醋與奶油塊。攪拌機裝攪拌勾，放入麵粉和調理盆中的混合材料，攪拌成質地均勻的麵團。將水麵團擀成邊長約 25cm 的正方形，以保鮮膜包起，冷藏鬆弛 1 小時。

折疊　將水麵團置中放在油麵團上，折起油麵團，使其完全包覆水麵團，再擀成厚度 1cm 的帶狀。讓麵團的短邊朝向自己，分別將麵團的上下方往中央折，兩邊的麵團邊緣要間隔 2cm。接著從中央對折，形成四層的正方形麵團，如此便完成一次雙折，再次冷藏鬆弛 1 小時。麵團擀成厚度 1cm 的長方形。重複前述的步驟，完成第二次雙折。以保鮮膜包起麵團，冷藏 2 小時。接著進行單折（從上方 1/3 處將麵團往中央折，下方 1/3 則蓋在前者之上，形成三層麵團而非四層）。擀至厚度 0.3cm，冷藏鬆弛 30 分鐘。

紅醋栗奶霜
以少許冰水泡軟吉利丁。混合吉利丁、檸檬皮絲和奶油之外的所有材料，放入鍋中以小火加熱至 85℃ 左右，直到質地變濃稠。放入瀝乾的吉利丁和檸檬皮絲。離火加入奶油，以手持均質機均質。倒入容器中備用。

烘烤、組裝 & 裝飾
烤箱預熱至 180℃。利用直徑 7cm 圈模，在擀至厚度 0.2cm 的派皮切割出 20 個圓片。取 10 片以直徑 5cm 圈模挖空中心，形成環狀。環狀派皮疊合在完整圓派皮上，做出類似奶油酥盒的外殼。烘烤 20 分鐘。用小刀切去凹陷處的頂部，接著在內部挖出形狀規則的凹槽。擠花袋裝上圓形花嘴，在酥盒中填滿紅醋栗奶霜，放上稍早切下的頂部蓋子，以紅醋栗與白醋栗裝飾即完成。

PUITS D'AMOUR AU CHOCOLAT
巧克力愛之井

製作時間	靜置時間	烘烤時間
2 hrs 45 mins	12 hrs + 6 hrs 30 mins	20 mins

分量 10 人

巧克力打發甘納許（前一天製作）
- 打發用鮮奶油 ❶ 100g
- 葡萄糖漿 10g
- 轉化糖漿 10g
- 55% 可可含量
  覆蓋巧克力 100g，切小塊
- 冰涼的打發用鮮奶油 ❷ 160g

可可反折千層麵團
（分量多於實際所需）
油麵團
- 室溫摺疊用奶油 300g
- 可可粉 70g
水麵團
- 鹽 7g
- 水 170g
- 白醋 1 小匙
- 室溫奶油 100g，切小塊
- 精白高筋麵粉 370g

巧克力甘納許
- 打發用鮮奶油 300g
- 72% 可可含量
  覆蓋巧克力 300g
- 奶油 50g，切小塊
- 鹽之花 3g

巧克力醬
- 牛奶 330g
- 64% 可可含量
  覆蓋巧克力 170g

工具
- 直徑 7cm 圈模
- 直徑 3cm 圈模
- 擠花袋
- 15 號圓形花嘴

巧克力打發甘納許
鮮奶油 ❶、葡萄糖漿、轉化糖漿放入鍋中加熱。巧克力塊放入調理盆，倒入熱鮮奶油，以矽膠刮刀混合均勻。倒入鮮奶油 ❷，以手持均質機均質至甘納許的質地滑順細緻。保鮮膜貼附表面，冷藏至少 12 小時。攪拌機裝攪拌球，甘納許倒入攪拌盆，攪打至緊實挺立的打發甘納許。

可可反折千層麵團
油麵團　以矽膠刮刀或裝攪拌葉片的攪拌機，將室溫軟化的奶油攪拌均勻。加入可可粉。注意，混合時不可使麵團升溫或乳化。麵團放在兩張烘焙紙之間，擀成 25×45cm 的長方形。冷藏鬆弛 1 小時。

水麵團　調理盆中放入冷水（18 ～ 20℃），加入鹽使其溶化，再放入白醋與奶油塊。攪拌機裝攪拌勾，放入麵粉和調理盆中的混合材料，攪拌成質地均勻的麵團。將水麵團擀成邊長約 25cm 的正方形，以保鮮膜包起，冷藏鬆弛 1 小時。

101 — Poêlon d'office.

折疊　將水麵團置中放在油麵團上，折起油麵團，使其完全包覆水麵團，再擀成厚度 1cm 的帶狀。讓麵團的短邊朝向自己，分別將麵團的上下方往中央折，兩邊的麵團邊緣要間隔 2cm。接著從中央對折，形成

四層的正方形麵團，如此便完成一次雙折，再次冷藏鬆弛1小時。麵團擀成厚度1cm的長方形。重複前述的步驟，完成第二次雙折。以保鮮膜包起麵團，冷藏2小時。接著進行單折（從上方1/3處將麵團往中央折，下方1/3則蓋在前者之上，形成三層麵團而非四層）。擀至厚度0.3cm，冷藏鬆弛30分鐘。

巧克力甘納許
鮮奶油放入鍋中煮至沸騰，分三次淋在巧克力上，使其充分乳化。加入奶油塊和鹽之花，

接著以均質機均質至細滑富光澤。備用。

巧克力醬
牛奶放入鍋中煮至沸騰，淋在巧克力上，以均質機均質。備用。

烘烤、組裝 & 裝飾
烤箱預熱至180°C。利用直徑7cm圈模，在擀至厚度0.2cm的派皮切割出20個圓片。其中10片以直徑3cm圈模挖空中心，形成環狀。環狀派皮疊合在完整圓派皮上，做出類似奶油酥盒的外殼。烘烤20分

鐘。用小刀切去凹陷處的頂部，接著在內部挖出形狀規則的凹槽。將仍溫熱的巧克力甘納許倒進凹槽至3/4滿。擠花袋裝上圓形花嘴，在酥盒中填入巧克力打發甘納許至表面形成漂亮的圓頂。食用前加熱巧克力醬，淋在愛之井上即可。

烘烤時，巧克力千層不會顯出漂亮的金黃色，
因此要注意烤箱中的麵團香氣，相信嗅覺就對了。

PUITS POUR MON AMOUR
獻給吾愛的愛之井

「從我兒子諾漢降臨世上的那一刻起，他就是我此生的最愛，這道愛之井為他而存在。
創作這道甜點時，我不斷想起和他與表親們共同度過的每一個夏日午後。」

分量 6 人

製作時間 2 hrs 20 mins
靜置時間 6 hrs 30 mins ＋ 2 hrs
烘烤時間 20 mins

反折千層麵團
（分量多於實際所需）
油麵團
● 室溫摺疊用奶油 330g
● T55 麵粉 130g
水麵團
● 鹽 8g
● 水 125g
● 白醋 3g
● 奶油 100g，切小塊
● T55 麵粉 300g
　＋少許工作檯防沾用

石榴奶霜
● 蛋黃 80g
● 新鮮全蛋 90g
● 細白砂糖 84g
● 離心果汁機榨取的
　新鮮石榴汁 160g
● 吉利丁片 2g
● 新鮮奶油 84g，切小塊

虞美人棉花糖
● 虞美人糖果

組裝
● 新鮮石榴籽

工具
● 直徑 7cm 圈模
● 直徑 3cm 圈模
● 棉花糖機
● 擠花袋
● 12 號圓形花嘴

反折千層麵團
油麵團　以矽膠刮刀或裝攪拌
葉片的攪拌機，將室溫軟化的

奶油攪拌均勻。加入麵粉。注
意，混合時不可使麵團升溫或
乳化。麵團放在兩張烘焙紙之
間，擀成 25×45cm 的長方形。
冷藏鬆弛 1 小時。
水麵團　調理盆中放入冷水
（18 ～ 20℃），加入鹽使其溶
化，再放入白醋與奶油塊。攪
拌機裝攪拌勾，放入麵粉和調
理盆中的混合材料，攪拌成質
地均勻的麵團。將水麵團擀成
邊長約 25cm 的正方形，以保
鮮膜包起，冷藏鬆弛 1 小時。
折疊　將水麵團置中放在油麵
團上，折起油麵團，使其完全
包覆水麵團，再擀成厚度 1cm
的帶狀。讓麵團的短邊朝向自
己，分別將麵團的上下方往中
央折，兩邊的麵團邊緣要間隔
2cm。接著從中央對折，形成
四層的正方形麵團，如此便完
成一次雙折，再次冷藏鬆弛 1
小時。麵團擀成厚度 1cm 的長
方形。重複前述的步驟，完成
第二次雙折。以保鮮膜包起麵

團，冷藏 2 小時。接著進行單折（從上方 1/3 處將麵團往中央折，下方 1/3 則蓋在前者之上，形成三層麵團而非四層）。擀至厚度 0.3cm，冷藏鬆弛 30 分鐘。

石榴奶霜

以少許冰水泡軟吉利丁。將蛋黃、全蛋和一半分量的糖攪打至顏色變淺。石榴汁和剩下的糖放入鍋中煮至沸騰。蛋糖糊倒入鍋中，再度加熱至 85°C，同時不斷攪拌。離火，加入瀝乾的吉利丁和奶油塊，然後以手持均質機均質成細滑均勻的奶霜狀。保鮮膜貼附表面，冷藏至少 2 小時。

虞美人棉花糖

盡可能壓碎糖果，以專用機器製作棉花糖。

烘烤、組裝 & 裝飾

烤箱預熱至 180°C。利用直徑 7cm 圈模，在擀至厚度 0.2cm 的派皮切割出 20 個圓片。其中 10 片以直徑 3cm 圈模挖空中心，形成環狀。環狀派皮疊合在完整圓派皮上，做出類似奶油酥盒的外殼。烘烤 20 分鐘。用小刀在內部挖出形狀規則的凹槽。擠花袋裝上圓形花嘴，填入石榴奶霜至半滿。放入少許石榴籽，然後擠滿奶霜。上方擺放小金字塔形的棉花糖即完成。

***

最好使用離心果汁機榨取的新鮮石榴汁，糖分較市售果汁低。

***

如果沒有棉花糖機，也可製作糖絲──壓碎糖果，放入鍋中融化，用叉子做出細絲。

LES TARTES
塔類

---

4 道搭配精美圖片的配方

1 款經典配方   3 款創意變化

BOURDALOUE
CHOCOLAT
FRAISES DES BOIS
et la
TARTE AUX TROIS CITRONS
POUR MAMAN

杏仁洋梨塔・巧克力塔・野草莓塔・獻給媽媽的三重檸檬塔

經典配方的步驟分解圖
見第 130 ～ 131 頁

TARTE BOURDALOUE
杏仁洋梨塔

製作時間
1 hr 45 mins

烘烤時間
27 mins

分量 8 人

甜塔皮
- 膏狀奶油 100g
- 糖粉 100g
- 全蛋 50g
- 麵粉 250g
- 泡打粉 5g

杏仁奶餡
- 奶油 125g
- 細白砂糖 125g
- 杏仁粉 125g
- 全蛋 100g
- 蘭姆酒 1 大匙（視個人喜好）
- 香草莢 2 根
- 麵粉 25g

糖煮洋梨
- 洋梨 1kg
- 檸檬 2 顆
- 細白砂糖 500g
- 水 1.5kg
- 香草莢 1 根

工具
- 直徑 24cm 塔圈

甜塔皮
膏狀奶油和糖粉攪拌至乳霜狀，再倒入蛋液。加入已過篩的麵粉和泡打粉，不可過度攪拌麵團，最後以少許水分調整麵團質地。用手以推拉方式壓揉麵團，以免產生彈性。冷藏備用。

杏仁奶餡
以矽膠刮刀將奶油、糖、杏仁粉攪拌至乳霜狀。少量多次倒入蛋液，再以打蛋器打發麵糊。加入蘭姆酒（視個人喜好）、縱剖香草莢刮出的香草籽，最後放入麵粉。

糖煮洋梨
洋梨削皮後浸入加了檸檬汁的水中備用，以免氧化變黑。水和糖煮成糖水，接著放入香草籽及剖半取籽後的香草莢煮至沸騰，然後放入洋梨。以烘焙紙（裁成符合熬煮容器的尺寸）覆蓋表面，使洋梨完全浸漬在糖水中，並留意糖水必須維持微沸。以刀尖檢視熟度 —— 可毫無阻力地刺入梨子，表示已完成。洋梨完全浸泡在糖水中，靜置冷卻。

組裝 & 裝飾
 見下頁的步驟分解

燉煮洋梨時要試吃，才能找出最理想的口感。
完成的洋梨應該要熟透但不軟爛，組裝時才能維持形狀。

1　　　　　　　　　　2　　　　　　　　　　3

組裝 & 裝飾

1. 烤箱預熱至 160°C。<u>甜塔皮鋪壓入塔圈</u>，塔底戳刺小洞。
   烘烤 15 分鐘。烤箱升溫至 180°C。

2. 塔底擠入杏仁奶餡，塗抹均勻至邊緣一半高度。

3. 輕柔地瀝乾洋梨。

4

5

6

4. 洋梨縱剖為二，挖除內芯。

5. 洋梨斜切成均勻的片狀。

6. 把洋梨片放在杏仁奶餡上。

7. 表面鋪滿洋梨，將之擺放成漂亮的弧形。

8. 撒上杏仁片，烘烤 12 分鐘。

7

8

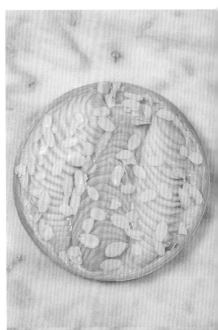

TARTE AU CHOCOLAT
巧克力塔

製作時間	靜置時間	烘烤時間
1 hr 45 mins	12 hrs + 2 hrs	25 mins

分量 8 人

巧克力打發甘納許
（前一天製作）
- 打發用鮮奶油 160g
- 葡萄糖漿 20g
- 轉化糖漿 20g
- 55% 可可含量
  覆蓋巧克力 150g
- 冰涼的打發用鮮奶油 260g

巧克力甜塔皮
- 膏狀奶油 160g
- 糖粉 70g
- 全蛋 25g
- 杏仁粉 90g
- 麵粉 140g
- 可可粉 25g
- 鹽 2g

巧克力蛋奶糊
- 全蛋 60g
- 細白砂糖 35g
- 牛奶 125g
- 打發用鮮奶油 65g
- 64% 可可含量
  覆蓋巧克力 50g，切碎

巧克力絨面
- 可可脂 125g
- 55% 可可含量
  覆蓋巧克力 125g

工具
- 直徑 24cm 塔圈
- Rhodoïd 塑膠圍邊
- 擠花袋
- 10 號圓形花嘴
- 上色用噴槍

巧克力打發甘納許
鮮奶油、葡萄糖漿、轉化糖漿放入鍋中加熱，淋在覆蓋巧克力上。靜置數分鐘，接著從中心開始攪拌，產生乳化的「核心」。甘納許質地均勻後，倒入冰涼的鮮奶油，以均質機均質，冷藏 12 小時後使用。

巧克力甜塔皮
奶油、糖粉和蛋液攪拌至均勻的乳霜狀。加入杏仁粉、過篩的麵粉、可可粉和鹽，以最少的攪拌次數混合，冷藏備用。烤箱預熱至 160°C。將甜塔皮鋪壓入塔圈，在塔底戳刺小洞。烘烤 15 分鐘後，將塔皮脫模冷卻。

巧克力蛋奶糊
烤箱降溫至 140°C。混合蛋液和糖。牛奶和鮮奶油放入鍋中煮至沸騰，倒在蛋糖糊上，接著加入覆蓋巧克力，攪拌至質地均勻。倒入預烤過的塔皮，放入烤箱續烤 10 分鐘。靜置冷卻。

巧克力絨面
隔水加熱融化可可脂和巧克力。

組裝 & 裝飾
攪拌機裝攪拌球打發甘納許。在塔圈內側鋪塑膠圍邊。擠花袋裝上圓形花嘴，在塔圈內擠滿小圓球狀的甘納許，冷凍至少 2 小時。巧克力絨面糊裝入噴槍，將冷凍後的甘納許小圓球翻面，平整面朝上，噴滿絨面巧克力，放在巧克力塔上層，表面擠上點狀的甘納許裝飾，待解凍後即可享用。

使用同一個圈模，
製作塔皮和擠花球狀甘納許，
塔皮冷卻後即可脫模。

TARTE AUX FRAISES DES BOIS
野草莓塔

製作時間
1 hr 15 mins

烘烤時間
25 mins

分量 8 人

甜塔皮
- 膏狀奶油 100g
- 糖粉 100g
- 鹽 2g
- 全蛋 60g
- 麵粉 250g

杏仁奶油餡
- 奶油 125g
- 細白砂糖 120g
- 杏仁粉 125g
- 全蛋 100g
- 野草莓 20g
- 青檸皮絲 2 顆的分量
- 麵粉 25g

野草莓果醬
- 野草莓 500g
- 青檸汁 50g
- 細白砂糖 50g
- NH 果膠粉 10g

裝飾
- 新鮮野草莓 250g
- 糖粉適量

工具
- 直徑 24cm 塔圈

甜塔皮
將膏狀奶油和糖粉攪拌至乳霜狀，再倒入蛋液。加入已過篩的麵粉混合，以少許水分調整麵團質地，但不可過度攪拌，而是用手以推拉的方式壓揉，以免麵團產生彈性。冷藏備用。

杏仁奶油餡
以矽膠刮刀將奶油、糖、杏仁粉攪拌至乳霜狀。少量多次倒入蛋液，然後以打蛋器打發。加入野草莓、青檸皮絲，最後放入麵粉。

野草莓果醬
野草莓、青檸汁和一半分量的糖放入鍋中，以小火加熱。沸騰時加入剩下的糖和果膠粉。以手持均質機均質後備用。

組裝 & 裝飾
烤箱預熱至 160°C。甜塔皮鋪壓入塔圈，塔底戳刺小洞。壓緊邊緣。填入杏仁奶油餡，塗抹均勻至邊緣一半高度。烘烤 25 分鐘。出爐時，輕輕壓平因烘烤而膨脹的杏仁奶油。靜置冷卻。倒入果醬至與塔皮邊緣齊高，上方整齊地擺放野草莓。撒上薄薄一層糖粉，加上少許果醬以及對切的野草莓裝飾。

TARTE AUX TROIS CITRONS POUR MAMAN
獻給媽媽的三重檸檬塔

「檸檬塔一直是我媽媽最喜歡的甜點。
這道甜點的滋味酸甜，兼具綿滑和香脆口感，完美的平衡度，就是媽媽的形象。
媽媽是我的支柱，也是我心中的正直典範，日復一日給全家人滿滿的愛。」

分　　量 8 人
製作時間 1 hr 50 mins
靜置時間 12 hrs ＋ 1 hr
烘烤時間 20 mins

柚子或青檸打發甘納許
（前一天製作）
● 打發用鮮奶油 330g
● 法芙娜 ®Ivoire
　調溫白巧克力 90g
● 吉利丁片 3g
● 新鮮柚子或青檸汁 75g

甜塔皮
● 膏狀奶油 90g
● 青檸皮絲 4g（約 2 顆的分量）
● 鮮奶油 35g
● 蛋黃 20g
● 糖粉 90g
● 杏仁粉 75g
● 麵粉 180g
● 鹽 4g

檸檬凝乳
● 全蛋 195g
● 細白砂糖 145g
● 檸檬汁 165g
● 吉利丁片 1g
● 檸檬皮絲 4 顆的分量
● 奶油 290g，切小塊

青檸果凝
● 細白砂糖 100g
● 青檸汁 200g
● 香草莢 1 根
● NH 果膠粉 8g

裝飾
● 檸檬或羅勒嫩葉適量
● 青檸皮絲適量

工具
● 直徑 24cm 塔圈
● Rhodoïd 塑膠圍邊
● 擠花袋
● 10 號圓形花嘴
● 紙摺擠花袋

柚子打發甘納許
以少許冰水泡軟吉利丁。鮮奶油放入鍋中煮至沸騰後，分三次淋在巧克力和瀝乾的吉利丁上，混合均勻。加入新鮮柚子汁，以手持均質機均質。放入冰箱冷藏至少 12 小時。

甜塔皮
膏狀奶油、檸檬皮絲、鮮奶油、蛋黃、糖粉攪拌至乳霜狀。加入已過篩的麵粉和鹽，不可過度攪拌麵團。用手以推拉方式壓揉麵團，以免產生彈性。冷藏備用，使麵團變硬。烤箱預熱至 160°C。甜塔皮鋪壓入塔圈，在塔底戳刺小洞。烘烤 20 分鐘，塔皮冷卻後脫模。

檸檬凝乳
以少許冰水泡軟吉利丁。混合蛋、糖、檸檬汁，以小火加熱至質地略微變稠（85°C 左右）。離火，加入瀝乾的吉利丁和其他材料。以手持均質機充分均質，使凝乳質地均勻。

青檸果凝
一半分量的糖、青檸汁、香草籽及香草莢放入鍋中加熱，煮至沸騰。放入剩餘的糖和果膠粉。煮沸後均質備用。

組裝 & 裝飾
果凝倒入塔底，接著倒上檸檬凝乳。攪拌器裝攪拌球，打發柚子甘納許。塔圈內側鋪塑膠圍邊。擠花袋裝上圓形花嘴，在塔圈內擠入小球狀甘納許，冷凍靜置 1 小時。小球狀甘納許脫模，翻面放在檸檬塔上。利用紙摺擠花袋擠上幾滴青檸果凝，接著擺放檸檬或羅勒嫩葉，撒上青檸皮絲。回溫後即可享用。

LES MILLEFEUILLES
千層派

---

4 道搭配精美圖片的配方

---

1 款經典配方  3 款創意變化

VANILLE
CHOCOLAT
FRAMBOISES
et le
MILLEFEUILLE À LA RÉGLISSE

香草千層派・巧克力千層派・覆盆子千層派・甘草千層派

經典配方的步驟分解圖
見第 142 〜 143 頁

MILLEFEUILLE À LA VANILLE
香草千層派

　　長久以來，千層派一直是史托雷的經典產品，不過自從傑弗瑞調整配方後，千層派便成為店內最受歡迎的品項之一。原本搭配奶油乳霜和柑曼怡（grand marnier）的版本，值得注入年輕氣息，因此團隊選擇做些許改變：史托雷的代表性可口千層保持不變，奶霜卻變輕盈了，現在的奶霜充滿香草風味，搭配少許焦糖，將美味提升到極致。為了讓新版香草千層派增添當代風格，傑弗瑞選擇直立式組裝呈現：「對我而言，這是最實用也最巧妙的千層派裝盤手法。」這件作品美妙地重現法式甜點中的偉大經典，從十九世紀普及以來，千層派總能讓美食愛好者怦然心動。

分　　量 10 人
製作時間 2 hrs 20 mins
靜置時間 6 hrs 30 mins ＋ 2 hrs
烘烤時間 23 mins

反折千層麵團
（分量多於實際所需）
油麵團
- 室溫摺疊用奶油 330g
- T55 麵粉 130g

水麵團
- 鹽 8g
- 水 125g
- 白醋 3g
- 奶油 100g，切小塊
- T55 麵粉 300g
  ＋少許工作檯防沾用

烘烤
- 糖粉適量

清爽香草奶餡
- 牛奶 300g
- 香草莢 1 根
- 蛋黃 60g
- 細白砂糖 70g
- 卡士達粉 30g
- 吉利丁片 6g
- 奶油 16g
- 打發用鮮奶油 200g

焦糖奶霜
- 細白砂糖 150g
- 打發用鮮奶油 150g
- 鹽味奶油 150g

香草香緹鮮奶油
- 打發用鮮奶油 250g
- 馬斯卡彭乳酪 25g
- 糖粉 15g
- 1 根香草莢分量的香草籽

裝飾
- 乾燥香草粉

工具
- 擠花袋
- 10 號圓形花嘴
- 聖多諾黑花嘴

反折千層麵團
油麵團　以矽膠刮刀或裝攪拌葉片的攪拌機，將室溫軟化的奶油攪拌均勻。加入麵粉。注意，混合時不可使麵團升溫或乳化。麵團放在兩張烘焙紙之間，擀成 25×45cm 的長方形。冷藏鬆弛 1 小時。

水麵團　調理盆中放入冷水（18～20℃），加入鹽使其溶化，再放入白醋與奶油塊。攪拌機裝攪拌勾，放入麵粉和調理盆中的混合材料，攪拌成質地均勻的麵團。將水麵團擀成邊長約 25cm 的正方形，以保鮮膜包起，冷藏鬆弛 1 小時。

折疊　將水麵團置中放在油麵團上，折起油麵團，使其完全包覆水麵團，再擀成厚度 1cm 的帶狀。讓麵團的短邊朝向自己，分別將麵團的上下方往中央折，兩邊的麵團邊緣要間隔 2cm。接著從中央對折，形成四層的正方形麵團，如此便

完成一次雙折，再次冷藏鬆弛 1 小時。麵團擀成厚度 1cm 的長方形。重複上述步驟，完成第二次雙折。以保鮮膜包起麵團，冷藏 2 小時。製作一次單折（從上方 1 / 3 處將麵團往中央折，下方 1 / 3 則蓋在前者之上，形成三層麵團而非四層）。擀至厚度 0.3cm，與 45×30cm 的烤盤尺寸相同。冷藏鬆弛 30 分鐘。

烘烤 烤箱預熱至 180℃，麵團夾在兩張烘焙紙之間放進烤盤，上方再放一個烤盤加壓。烘烤 20 分鐘。出爐時將烤箱溫度調高到 230℃。在烤熟的派皮上均勻撒上糖粉，放回烤箱續烤數分鐘使其焦糖化。

清爽香草奶餡
以少許冰水泡軟吉利丁。牛奶、香草籽及剖半取籽後的香草莢放入鍋中煮至沸騰。蛋黃和糖放入調理盆充分混合，然後加入已過篩的卡士達粉。取出香草莢，將少許滾燙的牛奶倒入蛋糖糊，攪拌後再倒回鍋中。加入瀝乾的吉利丁沸騰 3 分鐘，過程中不停攪拌。蛋奶糊變得均勻時倒入容器，加入奶油，以手持均質機均質。冷藏 2 小時。奶餡冷卻後，用矽膠刮刀輕輕拌入事先打發的鮮奶油。

**甜點主廚
克里斯多夫・米夏拉克
（Christophe Michalak）
將千層派改為直立擺放，
以符合現代人的喜好，
也更容易食用。**

焦糖奶霜
將糖煮至焦糖化。達到想要的焦糖化程度時，倒入事先煮沸的鮮奶油來稀釋，接著放入奶油。以手持均質機均質成柔滑的焦糖。

香草香緹鮮奶油
所有材料放入調理盆，以打蛋器或攪拌機打發。冷藏備用。

組裝、完成
☞ 見下頁的步驟分解。

將剩下的長條狀千層派皮放在乾燥處，
最多能保存 48 小時，可用來製作其他甜點。

1　　　　　　　　　2　　　　　　　　　3

組裝、完成

1. 沿著千層派皮的短邊，用鋸齒刀或麵包刀在距離邊緣 15cm 處，標出淺淺的記號。

2. 用鋸齒刀或麵包刀切下第一條派皮。

3. 以第一條派皮作為對照基準，切下另外兩條派皮。

4   5   6

4. 修整派皮邊緣，使每一條派皮的長度相同。將三片派皮無焦糖化的面朝上。

5. 擠花袋裝上圓形花嘴，沿著第一片派皮的長邊擠出長條狀的香草奶餡。放上第二片派皮，上方再度擠滿奶餡。

6. 奶餡上方擠三道焦糖奶霜。

7. 蓋上第三片千層派皮。

8. 側面立起千層派。擠花袋裝上聖多諾黑花嘴，在頂端擠上波浪形香緹鮮奶油。撒上乾燥香草粉。

7   8

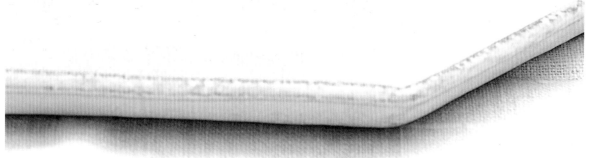

MILLEFEUILLE AU CHOCOLAT
巧克力千層派

製作時間	靜置時間	烘烤時間
2 hrs 30 mins	12 hrs + 6 hrs 30 mins	30 mins

分量 6 人

花生巧克力奶霜（前一天製作）
- 蛋黃 60g
- 細白砂糖 20g
- 牛奶 100g
- 打發用鮮奶油 100g
- 64% 可可含量巧克力 95g
- 花生醬 50g
- 吉利丁片 2g

可可反折千層麵團
（分量多於實際所需）
油麵團
- 室溫摺疊用奶油 300g
- 可可粉 70g

水麵團
- 鹽 7g
- 水 170g
- 白醋 1 小匙
- 奶油 100g，切小塊
- 精白高筋麵粉 370g

烘烤
- 糖粉適量

閃電泡芙巧克力翻糖
- 細白砂糖 40g
- 水 30g
- 翻糖 200g
- 可可膏 65g

組裝 & 裝飾
- 白色翻糖 30g
- 花生 150g

工具
- 擠花袋
- 10 號圓形花嘴
- L 型抹刀
- 紙摺擠花袋

花生巧克力奶霜
以少許冰水泡軟吉利丁。將全蛋和糖攪打至顏色變淺。牛奶和鮮奶油放入鍋中煮至沸騰。將一部分滾燙奶液倒入蛋糖糊，以打蛋器攪拌均勻，再全部倒回鍋中。不斷以矽膠刮刀攪拌，並加熱至 85℃。如果沒有溫度計，煮到蛋奶醬可裹住湯匙時即可。離火，放入巧克力、花生醬、瀝乾的吉利丁，以手持均質機均質成細滑均勻的奶霜狀。保鮮膜直接貼附表面，冷藏 12 小時。

可可反折千層麵團
油麵團 以矽膠刮刀或裝攪拌葉片的攪拌機，將室溫軟化的奶油攪拌均勻。加入可可粉。

注意，混合時不可使麵團升溫或乳化。麵團放在烘焙紙上，擀成 30×20cm 的長方形。冷藏鬆弛 1 小時。

水麵團 調理盆中放入冷水（18～20℃），加入鹽使其溶化，然後放入白醋與奶油塊。攪拌機裝攪拌勾，放入麵粉和調理盆中的混合材料，攪拌成質地均勻的麵團。將水麵團擀成 15×20cm 的長方形，以保鮮膜包起，冷藏鬆弛 1 小時。

II. — Feuilletage. — 3ᵉ operation.

折疊 將水麵團置中放在油麵團上，然後折起油麵團，完全覆蓋水麵團。將麵團擀成厚度 1cm 的帶狀。讓麵團的短邊朝向自己，分別將麵團的上下方往中央折，兩邊的麵團邊緣要間隔 2cm。接著從中央對折，形成四層的正方形麵團，如此

便完成一次雙折，再次冷藏鬆弛 1 小時。麵團擀成厚度 1cm 的長方形。重複前述的步驟，完成第二次雙折。以保鮮膜包起麵團，冷藏 2 小時。接著進行單折（從上方 1／3 處將麵團往中央折，下方 1／3 則蓋在前者之上，形成三層麵團而非四層）。擀至厚度 0.3cm，30×30cm 的烤盤大小。冷藏鬆弛 30 分鐘。

整形與烘烤 烤箱預熱至 180℃，派皮上下各墊一張烘焙紙放入烤盤，上方另放一個烤盤加壓，烘烤 30 分鐘。即將出爐前，將烤箱溫度調至 250℃。派皮均勻撒上糖粉，烘烤 1 分鐘使其焦糖化。

閃電泡芙巧克力翻糖
糖和水放入鍋中混合，煮成透明無色的糖漿。接著放入其餘的材料，以小火融化，同時不斷攪拌。使用前翻糖需降溫至 40℃。

組裝 & 裝飾
以鋸齒刀或麵包刀在距離千層派皮邊緣 15cm 處，劃出淺淺的標記，切下第一條派皮。用第一條派皮為對照基準，切下第二片派皮。接著將兩片派皮對切成四片 15×15cm 的正方形（只會用到三片）。擠花袋裝上圓形花嘴，在第一片千層片周圍擠滿球形花生巧克力奶霜，並於中央填滿大量奶霜，

撒上少許花生。接著放上第二片千層片，重複擠填奶霜的步驟。疊上最後一片千層片，焦糖化面朝上。在中央淋上降溫至 40℃ 的巧克力翻糖，用 L 型抹刀輕盈迅速抹開，注意不可流溢到邊緣。接著用紙摺擠花袋填裝 40℃ 白色翻糖，在巧克力翻糖表面畫出十道平行的線條。用刀尖配合白色翻糖線垂直拉出花紋，接著朝另一個方向拉，製作出花紋。以少許花生裝飾。

兩種翻糖的溫度務必相同，
才能做出俐落的裝飾和完美的收尾。

MILLEFEUILLE AUX FRAMBOISES
覆盆子千層派

製作時間
2 hrs 20 mins

靜置時間
6 hrs 30 mins

烘烤時間
32 mins

分量 6 人

反折千層麵團
（分量多於實際所需）
油麵團
- 室溫摺疊用奶油 330g
- T55 麵粉 130g

水麵團
- 鹽 8g
- 水 125g
- 白醋 1 小匙
- 奶油 100g，切小塊
- T55 麵粉 300g
  ＋少許工作檯防沾用

烘烤
- 糖粉適量

清爽羅勒奶餡
- 蛋黃 50g
- 細白砂糖 60g
- 玉米澱粉 25g
- 牛奶 230g
- 羅勒葉 25 片
- 香草莢 1 根
- 吉利丁片 6g
- 奶油 15g，切小塊
- 打發用鮮奶油 230ml

糖煮覆盆子
- 覆盆子 200g
- 細白砂糖 20g
- NH 果膠粉 4g

組裝 & 裝飾
- 新鮮覆盆子 250g
- 羅勒葉少許

工具
- Silpat® 矽膠烤墊
- 擠花袋
- 12 號圓形花嘴

反折千層麵團
油麵團 以矽膠刮刀或裝攪拌葉片的攪拌機，攪拌均勻在室溫下軟化的奶油。加入麵粉。注意，混合時不可使麵團升溫或乳化。麵團放在兩張烘焙紙之間，擀成 30×20cm 的長方形。冷藏鬆弛 1 小時。

水麵團 調理盆中放入冷水（18～20°C），加入鹽使其溶化，然後放入白醋與奶油塊。攪拌機裝攪拌勾，放入麵粉和調理盆中的混合材料，攪拌成質地均勻的麵團。將水麵團擀成約 15×20cm 的長方形，以保鮮膜包起，冷藏鬆弛 1 小時。

折疊 將水麵團置中放在油麵團上，折起油麵團，使其完全包覆水麵團，再擀成厚度 1cm 的帶狀。讓麵團的短邊朝向自己，分別將麵團的上下方往中央折，兩邊的麵團邊緣要間隔 2cm。接著從中央對折，形成四層的正方形麵團，如此便完成一次雙折，再次冷藏鬆弛

1 小時。麵團擀成厚度 1cm 的長方形。重複上述步驟，完成第二次雙折。以保鮮膜包起麵團，冷藏 2 小時。製作一次單折（從上方 1/3 處將麵團往中央折，下方 1/3 則蓋在前者之上，形成三層麵團而非四層）。擀至厚度 0.3cm、邊長 30×30cm 的正方形。冷藏鬆弛 30 分鐘。

烘烤　烤箱預熱至 180℃，麵團上下各墊一張烘焙紙放入烤盤，上方另放一個烤盤加壓。烘烤 30 分鐘。出爐時將烤箱溫度提高到 250℃。在烤熟的派皮上均勻撒上糖粉，放回烤箱續烤 1 分鐘使其焦糖化。

清爽羅勒奶餡

以少許冰水泡軟吉利丁。將全蛋、一半分量的糖和玉米澱粉放入調理盆，攪打至顏色變淺後，放置一旁備用。將牛奶、20 片羅勒葉、剩餘的糖、香草籽及剖半取籽後的香草莢放入鍋中煮至沸騰。悶泡數分鐘後再過濾，將少部分滾燙的牛奶倒入蛋糖糊中，以打蛋器混合均勻，再全部倒回鍋中。再度加熱，同時不斷以打蛋器攪拌。沸騰後續煮 2 分鐘，同時快速攪打。離火，放入瀝乾的吉利丁和奶油塊，攪拌至均勻細滑。加入剩下的 5 片羅勒葉，以手持均質機均質。將奶醬倒入大型扁平容器，以保鮮膜直接貼附表面，冷藏至完全冷卻。將鮮奶油打發成香緹鮮奶油。冰涼的奶醬先以打蛋器拌開，再用矽膠刮刀與香緹鮮奶油混拌。冷藏備用。

糖煮覆盆子醬

覆盆子、糖和果膠粉放入鍋中加熱。沸騰後續煮 2 分鐘。以手持均質機均質成滑順的醬汁質地。

組裝 & 裝飾

以鋸齒刀或麵包刀在距離千層派皮邊緣 15cm 處，劃出淺淺的標記，切下第一條派皮。用第一條派皮為對照基準，切下第二片派皮。接著將兩片派皮對切成四片 15×15cm 的正方形（只會用到三片）。擠花袋裝上圓形花嘴，沿著第一片正方形派皮的邊緣擠上球狀奶餡，每一球之間保留些許空間，以擺放新鮮覆盆子。接著疊上第二片正方形派皮，重複相同步驟。放上最後一片派皮，焦糖面朝上。以些許完整對切的覆盆子和羅勒葉裝飾。冷藏保存。

**煮過的香草莢乾燥後磨成粉，
這麼一來隨時都有香草粉可用。**

MILLEFEUILLE À LA RÉGLISSE
甘草千層派

「我爸爸以千奇百怪的方式，建構起他那既勇敢又帶點危險的人生。
即使曾經遭遇各式各樣的難關，
他總是能以更強大的姿態再度站起來，這點令我非常敬佩。
他一肩扛起家庭，是我心目中的英雄。」

分　　量 8 人
製作時間 2 hrs 40 mins
靜置時間 12 hrs ＋ 6 hrs 30 mins
烘烤時間 30 mins

甘草打發甘納許（前一天製作）
- 打發用鮮奶油 ❶ 260g
- 甘草糖果 4g
- 吉利丁片 4g
- 白巧克力 110g，切塊
- 打發用鮮奶油 ❷ 210g

糖煮青蘋果泥
- 金冠蘋果（Golden）200g
- 細白砂糖 20g
- 奶油 20g
- 翠玉青蘋果（Granny Smith）100g，切小丁

反折千層麵團
（分量多於實際所需）
油麵團
- 室溫摺疊用奶油 330g
- T55 麵粉 130g
水麵團
- 鹽 8g
- 水 125g
- 白醋 1 小匙

- 奶油 100g，切小塊
- T55 麵粉 300g
　＋少許工作檯防沾用

烘烤
- 糖粉適量

組裝 & 裝飾
- 翠玉青蘋果 ❶ 200g
- 乾燥香草粉適量
- 水 20g
- 杏桃果醬 50g
- 翠玉青蘋果 ❷ 50g
- 甜菜嫩葉適量

工具
- 擠花袋
- 10 號圓形花嘴
- 橄欖形（quenelle）矽膠多連模

甘草打發甘納許
以少許冰水泡軟吉利丁。鮮奶油 ❶ 和甘草糖放入鍋中加熱。開始沸騰時鍋子離火，放入瀝乾的吉利丁，充分攪拌至完全融化。白巧克力放入調理盆，淋上熱鮮奶油，以矽膠刮刀混合均勻。倒入冰涼的鮮奶油 ❷，以手持均質機均質至

均勻細滑的甘納許。保鮮膜直接貼附表面，放入冰箱冷藏至少 12 小時。

糖煮蘋果泥
金冠蘋果切丁，與糖和奶油一起放入鍋中加熱。沸騰後續煮 2 分鐘。鍋子離火，以手持均質機均質成均勻柔滑的果泥，再放入青蘋果混合。果泥倒入橄欖形多連模，冷凍備用。

反折千層麵團
油麵團　以矽膠刮刀或裝攪拌葉片的攪拌機，將室溫軟化的奶油攪拌均勻。加入麵粉。注意，混合時不可使麵團升溫或乳化。麵團放在兩張烘焙紙之間，擀成 30×20cm 的長方形。冷藏鬆弛 1 小時。
水麵團　調理盆中放入冷水（18 ～ 20℃），加入鹽使其溶化，然後放入白醋與奶油塊。攪拌機裝攪拌勾，放入麵粉和調理盆中的混合材料，攪拌成質地均勻的麵團。將水麵團擀成約 15×20cm 的長方形，以保鮮膜包起，冷藏鬆弛 1 小時。

折疊 將水麵團置中放在油麵團上，折起油麵團，使其完全包覆水麵團，再擀成厚度 1cm 的帶狀。讓麵團的短邊朝向自己，分別將麵團的上下方往中央折，兩邊的麵團邊緣要間隔 2cm。接著從中央對折，形成四層的正方形麵團，如此便完成一次雙折，再次冷藏鬆弛 1 小時。麵團擀成厚度 1cm 的長方形。重複上述步驟，完成第二次雙折。以保鮮膜包起麵團，冷藏 2 小時。製作一次單折（從上方 1/3 處將麵團往中央折，下方 1/3 則蓋在前者之上，形成三層麵團而非四層）。擀至厚度 0.3cm、邊長 40×30cm 的長方形。冷藏鬆弛 30 分鐘。

烘烤 烤箱預熱至 180℃，麵團上下各墊一張烘焙紙放入烤盤，上方另放一個烤盤加壓。烘烤 30 分鐘。出爐時將烤箱溫度提高到 250℃。在烤熟的派皮上均勻撒上糖粉，放回烤箱續烤 1 分鐘使其焦糖化。

組裝 & 裝飾
攪拌機裝攪拌球，將甘納許打發至緊實細滑。青蘋果 ❶ 切小丁。修整千層派皮邊緣，以鋸齒刀或麵包刀切成三條 10×40cm 的長條形。擠花袋裝上圓形花嘴，在第一片派皮邊緣擠出一圈球狀甘納許，接著中央填滿甘納許。鋪上一半的蘋果丁。接著放上第二片派皮，重複填裝甘納許和蘋果丁。疊上最後一片千層派皮，焦糖化的一面朝上。撒上乾燥香草粉，接著擺上一份檸檬形狀的糖煮蘋果泥。杏桃果醬和水混合加熱，塗在果泥上。青蘋果 ❷ 切成火柴棒狀，裝飾千層派，再點綴些許甜菜嫩葉。

注意，甘草糖果的味道非常強烈！
請依照個人的口味和喜好決定用量。

LES PARIS – BREST
巴黎－布列斯特

———————

4 道搭配精美圖片的配方

———————

1 款經典配方   3 款創意變化

PARIS-BREST
PARIS-TOULOUSE
PARIS-NEVERS
et le
PARIS-CAGNES

巴黎－布列斯特・巴黎－土魯茲・巴黎－尼維爾・巴黎－卡尼

———————

經典配方的步驟分解圖
見第 158 ～ 159 頁

PARIS - BREST
巴黎－布列斯特

製作時間
2 hrs 15 mins

烘烤時間
1 hr

分量 8 人

杏仁榛果帕林內
- 榛果 250g
- 杏仁 250g
- 白砂糖 250g
- 鹽之花 1 小撮
- 香草莢 1 根

泡芙麵糊
- 鹽 5g
- 細白砂糖 5g
- 奶油 80g，切小塊
  ＋少許烤盤防沾用
- 低脂牛奶 125g
- 水 125g
- T45 麵粉 125g
  ＋少許圈模防沾用
- 全蛋 200g
- 蛋 2 顆，塗刷麵糊表面用
- 杏仁片適量

甜點奶餡（分量多於實際所需）
- 牛奶 500g
- 香草莢 1 根
- 全蛋 100g
- 細白砂糖 100g
- 麵粉 25g
- 玉米澱粉 25g

巴黎－布列斯特奶霜
- 榛果膏 200g
- 膏狀奶油 300g

裝飾
- 榛果適量
- 糖粉適量

工具
- 直徑 25cm 圈模
- 擠花袋
- 16 齒花嘴
- 尖嘴花嘴

杏仁榛果帕林內
烤箱預熱至 170℃。烤盤鋪烘焙紙，放上榛果和杏仁烘烤 20～30 分鐘。以中火加熱糖至融化呈淡金色，加入烤香的堅果，以矽膠刮刀仔細混合。將裹上焦糖的堅果、鹽之花和香草莢縱剖刮出的香草籽，放入均質機，以最高速均質 3～6 分鐘，直到變成均勻的糊狀。裝入擠花袋。

泡芙麵糊
烤箱溫度提高至 180℃。鹽、糖和奶油塊放入牛奶和水中加熱融化，煮至沸騰離火，加入已過篩的麵粉。以木勺攪拌至麵團不沾粘鍋子後，倒入調理盆。快速打散蛋液，少量多次倒入麵糊中，混合至滑順柔軟。直徑 25cm 的圈模底部沾上麵粉，放在薄塗了奶油的烤盤上印出痕跡，作為擠麵糊的定位輔助。擠花袋裝上 16 齒花嘴，沿著烤盤上的圈模痕跡擠出第一圈麵糊。緊沿著第一圈麵糊內側，擠上第二道麵糊。最後在兩道麵糊的上方擠第三道麵糊。表面塗刷上打散的蛋液幫助烘烤上色，撒上杏仁片。另擠 20 個小泡芙，不刷蛋液。烘烤 25 分鐘，期間不可打開烤箱門。

甜點奶餡
牛奶、香草籽及香草莢煮至沸騰。全蛋和糖放入另一個容器攪打，然後加入事先混合過篩的麵粉和玉米澱粉。取出香草莢，倒入少許沸騰牛奶在麵糊中，混合均勻後再全部倒回鍋內。煮沸 3 分鐘，同時不斷攪拌。離火，以保鮮膜直接貼附表面（避免冷藏時結皮），放入冰箱快速冷卻。

巴黎－布列斯特奶霜
混合 400g 甜點奶餡和 200g 杏仁榛果帕林內，並加入膏狀奶油，打發至質地呈柔滑均勻的奶霜狀。

組裝 & 裝飾
👉 見下頁的步驟分解

製作帕林內時，我會保留堅果的外皮，
我認為如此能為成品增添個性。

1   2   3

組裝 & 裝飾

1. 環狀泡芙橫剖為二，小心取下頂部。

2. 以尖嘴花嘴在小泡芙底部戳孔，用擠花袋填入少許杏仁榛果帕林內。

3. 環狀泡芙的下半部也擠滿帕林內。

4

5

6

4. 在環狀泡芙下半部放上一圈小泡芙。

5. 擠花袋裝上 16 齒花嘴，在小泡芙上方擠巴黎 – 布列斯特奶霜。

6. 放上頂部的環狀泡芙。

7. 擠上美觀協調的小朵玫瑰花形巴黎 – 布列斯特奶霜。

8. 以榛果裝飾，再撒上事先過篩的糖粉。

7

8

PARIS - TOULOUSE
巴黎 – 土魯茲

製作時間 2 hrs	靜置時間 12 hrs	烘烤時間 32 mins

分量 12 個

巧克力紫羅蘭打發甘納許
（前一天製作）
- 打發用鮮奶油 ❶ 150g
- 土魯茲紫羅蘭糖果 40g，打成粉末
- 黑巧克力 150g，切塊
- 冰涼的打發用鮮奶油 ❷ 250g

巧克力酥皮
- 奶油 110g
- 細白砂糖 110g
- 麵粉 100g
- 可可粉 20g

泡芙麵糊
- 鹽 2g
- 可可粉 20g
- 奶油 100g，切小塊 ＋少許烤盤防沾用
- 低脂牛奶 120g
- 水 120g
- T45 麵粉 120g
- 全蛋 240g

黑醋栗果醬
- 黑醋栗 200g
- 細白砂糖 20g
- NH 果膠粉 4g

脆片帕林內
- 黑巧克力 30g
- 榛果帕林內 130g
- 法式薄脆餅（crêpe dentelle）60g
- 可可碎粒 13g

裝飾
- 黑醋栗果實適量
- 紫羅蘭糖果適量

工具
- 擠花袋
- 15 號圓形花嘴
- 直徑 5cm 切模
- 8 號圓形花嘴
- 16 齒花嘴

巧克力紫羅蘭打發甘納許
以少許冰水泡軟吉利丁。鮮奶油 ❶ 和紫羅蘭糖果放入鍋中加熱，開始沸騰時離火。黑巧克力塊放入調理盆，淋入鮮奶油，以矽膠刮刀混合至質地均勻。倒入冰涼的鮮奶油 ❷，以手持均質機均質至均勻細滑。保鮮膜直接貼附表面，放入冰箱冷藏至少 12 小時。

巧克力酥皮
所有材料放入調理盆，混合成均勻的麵團，放在兩張烘焙紙之間擀平。冷凍備用。

泡芙麵糊
烤箱預熱至 180°C。鹽、可可粉和奶油塊放入牛奶和水中加熱融化，煮至沸騰，離火，加入已過篩的麵粉。以木勺攪拌至麵團不沾粘鍋子後，倒入調理盆。快速打散蛋液，少量多次倒入麵糊中，混合至滑順柔

軟。擠花袋裝 15 號圓形花嘴，填入泡芙麵糊。烤盤薄塗奶油，擠出 12 個直徑約 5cm 的泡芙麵糊。取出冷凍的巧克力脆皮，以切模切割出 12 個圓片，放在泡芙上，烘烤 25～30 分鐘。泡芙出爐時不要關掉烤箱電源。

黑醋栗果醬
黑醋栗、糖、果膠粉放入鍋中煮，沸騰後續煮 2 分鐘。以手持均質機均質至呈細滑的果醬。

脆片帕林內
巧克力和榛果帕林內放入鍋中加熱，加入法式薄脆餅和可可碎粒，邊混合邊壓碎薄脆餅。

組裝 & 裝飾
以鋸齒刀或麵包刀在泡芙上方 1/3 處，橫剖切下頂部。擠花袋裝 8 號圓形花嘴，在每個泡芙底部擠上少許帕林內，然後是黑醋栗果醬。以攪拌機打發甘納許，直到質地輕盈挺立。擠花袋裝上 16 齒花嘴，每個泡芙中填入大量打發甘納許，最後擠出玫瑰花形。擺上少許黑醋栗果實，最後蓋上泡芙頂。烤盤鋪烘焙紙，取少許紫羅蘭糖果壓碎，放入烤盤烘烤 10 分鐘。靜置冷卻後，將板狀糖片折成小片，放在組裝完成的泡芙上裝飾。

PARIS - NEVERS
巴黎 – 尼維爾

製作時間	靜置時間	烘烤時間
2 hrs 45 mins	12 hrs	50 mins

分量 10 人

焦糖奶霜（前一天製作）
- 蛋黃 30g
- 細白砂糖 ❶ 10g
- 玉米澱粉 15g
- 細白砂糖 ❷ 60g
- 牛奶 180g
- 鹽 1 小撮
- 香草莢半根
- 吉利丁片 2g
- 奶油 100g，切小丁

香草打發甘納許（前一天製作）
- 打發用鮮奶油 ❶ 220g
- 香草莢 1 根
- 吉利丁片 3g
- 白巧克力 100g，切塊
- 冰涼的打發用鮮奶油 ❷ 180g

泡芙麵糊
- 鹽 5g
- 細白砂糖 5g
- 奶油 80g，切小塊
　+少許烤盤防沾用
- 低脂牛奶 125g
- 水 125g
- T45 麵粉 125g
- 全蛋 200g

鮮奶油焦糖脆粒
- 細白砂糖 200g
- 打發用鮮奶油 100g
- 半鹽奶油 50g，切小塊

焦糖液
- 細白砂糖 100g
- 打發用鮮奶油 100g
- 鹽 3g

焦糖淋面
- 細白砂糖 140g
- 水 30g
- 葡萄糖漿 30g

裝飾
- 金箔

工具
- 溫度計
- 擠花袋
- 16 齒花嘴
- 10 號圓形花嘴

焦糖奶霜
以少許冰水軟化吉利丁片。攪打蛋黃、糖 ❶ 和玉米澱粉，至顏色變淺。糖 ❷ 放入鍋中製作焦糖。同一時間，另外將牛奶、鹽、香草籽與剖半取籽後的半根香草莢一起煮沸。焦糖溫度達 165℃ 時離火，取出沸騰牛奶中的半根香草莢，將牛奶慢慢倒入焦糖中，全部倒入後繼續加熱至沸騰。將一部分焦糖牛奶倒入蛋糖糊中，以打蛋器混合，再全部倒回鍋中。再度加熱至 85℃，同時以打蛋器不斷攪拌。此時蛋奶醬應該已經變稠，可裹住打蛋器。離火，加入瀝乾的吉利丁和奶油丁，以手持均質機均質成均勻細滑的奶霜狀。保鮮膜直接貼附表面，冷藏 12 小時。

香草打發甘納許
以少許冰水泡軟吉利丁。鮮奶油 ❶、香草籽及剖半取籽後的香草莢放入鍋中加熱。鮮奶油開始沸騰時取出香草莢，離火，加入瀝乾的吉利丁，充分攪拌至完全融化。白巧克力塊放入調理盆，淋上熱鮮奶油，以矽膠刮刀混合均勻。倒入冰涼的鮮奶油 ❷，以均質機均質成質地細滑的甘納許。以保鮮膜貼附表面，放入冰箱冷藏至少 12 小時。

泡芙麵糊

烤箱預熱至 180°C。鹽、糖和奶油塊放入牛奶和水中加熱融化，煮至沸騰。離火，加入已過篩的麵粉。以木勺攪拌至麵團不沾粘鍋子後，倒入調理盆。快速打散蛋液，少量多次倒入麵糊中，混合至滑順柔軟。擠花袋裝上 16 齒花嘴，裝入一部分泡芙麵糊，在薄塗奶油的烤盤上擠出一條 30cm 呈 Z 字的長條麵糊。緊貼著第一條麵糊，擠出第二條形狀相同的麵糊。最後在兩條麵糊的上方中間擠出形狀一致的第三條麵糊。擠花袋裝上圓形花嘴，裝填剩下的泡芙麵糊，擠出 8 個圓形泡芙。烘烤 40 ～ 50 分鐘，期間不可打開烤箱門。閃電泡芙烤熟時會呈現均勻的金黃色，並出現些微裂痕。放置室溫備用。

鮮奶油焦糖脆粒

糖放入鍋中製作乾式焦糖，同時間另外加熱鮮奶油。糖焦糖化時，少量多次倒入熱鮮奶油，接著加入奶油塊。烤盤鋪烘焙紙，倒入牛奶焦糖靜置冷卻，等焦糖變硬後，打碎成焦糖脆粒備用。

香草焦糖奶霜

攪拌機裝上攪拌球，打發前一天製作的香草甘納許至緊實挺立。加入 200g 焦糖奶霜，再度攪打均勻。冷藏備用。

焦糖液

糖放入鍋中製作乾式焦糖，同時間另外加熱鮮奶油。糖焦糖化時，少量多次倒入熱鮮奶油。離火，靜置冷卻至室溫。

焦糖淋面

糖、水、葡萄糖漿放入直徑至少 30cm 的鍋中，以中大火加熱，製作焦糖。溫度達到 155°C 時離火，放在裝冰水的大槽中冷卻。閃電泡芙表面浸入仍溫熱的液態焦糖，裹上淋面。使多餘的淋面自然流下，此時焦糖溫度仍高，小心不要碰觸到。趁焦糖淋面仍溫熱具黏性時，撒上焦糖脆粒。

組裝

泡芙底部戳孔。擠花袋裝上圓形花嘴，在泡芙中填入大量焦糖液。倒置冷藏。以鋸齒刀或麵包刀將 Z 字閃電泡芙橫剖為二。頂部備用。以湯匙挖空泡芙下半部的內部，用裝上圓形花嘴的擠花袋填入焦糖奶霜。接著在奶霜上擺放 8 個圓形泡芙，泡芙要底部朝上，焦糖液才不會流出。擠花袋裝上圓形花嘴，裝入香草焦糖奶霜，沿著閃電泡芙邊緣和泡芙之間的空隙擠上小球狀奶霜。撒上少許鮮奶油焦糖脆粒，蓋上閃電泡芙頂部。冷藏備用。食用前以金箔裝飾。

這道巴黎－尼維爾的靈感來自尼維爾的「尼格斯」（Négus）夾心焦糖。
這款糖果於 1901 年問世，
硬式焦糖內裹著軟焦糖內芯。

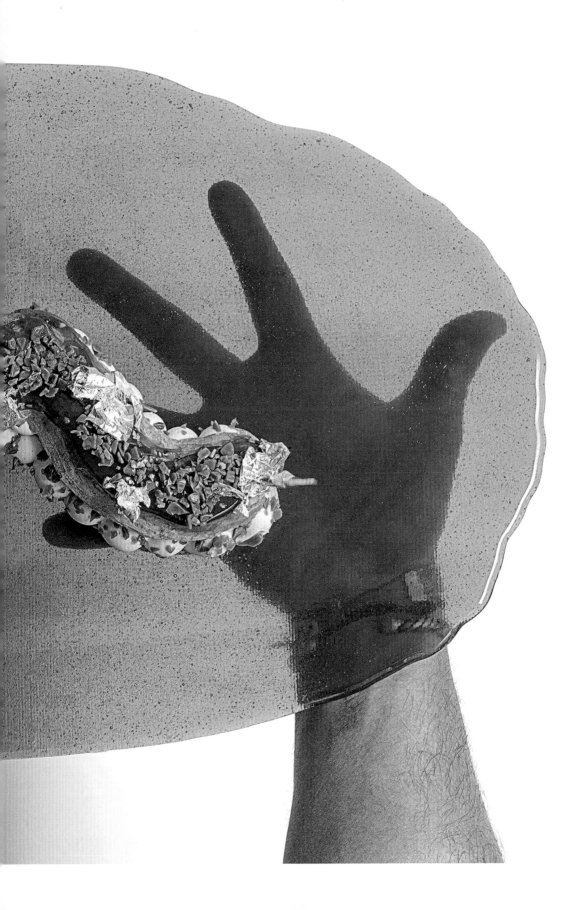

PARIS - CAGNES
巴黎－卡尼

「這道創作是向一名與我同姓的偉大男人──我的父親──致敬。
他非常非常以自己的家鄉西西里為傲，因此這道閃電泡芙是卡諾里的造型，
也就是西西里名聞遐邇的美味甜點。」

分　　量 20 個
製作時間 1 hr 30 mins
靜置時間 12 hrs
烘烤時間 50 mins

柳橙奶霜（前一天製作）
● 全蛋 410g
● 細白砂糖 180g
● 柳橙汁 240ml
● 青檸汁 100ml
● 香草莢 2 根
● 柳橙皮屑 25g
● 吉利丁片 4g
● 奶油 610g

泡芙麵糊
● 鹽 5g
● 細白砂糖 5g
● 奶油 80g，切小塊
　＋少許烤盤防沾用
● 低脂牛奶 125g
● 水 125g
● 柳橙皮屑 2 顆的分量
● T45 麵粉 125g
● 全蛋 200g

柳橙瑞可塔香緹鮮奶油
● 瑞可塔乳酪 200g
● 打發用鮮奶油 200g
● 糖粉 40g
● 1 根香草莢分量的香草籽
● 柳橙皮屑 1 顆的分量

裝飾
● 糖粉適量
● 柳橙皮屑與果肉 1 顆的分量

工具
● 溫度計
● 擠花袋
● 16 齒花嘴
● 10 號或 15 號圓形花嘴

柳橙奶霜
以少許冰水泡軟吉利丁。將全蛋和糖攪打至顏色變淺。柳橙汁、青檸汁、柳橙皮屑、香草籽及剖半取籽後的香草莢放入鍋中煮至沸騰。取出香草莢，將部分沸騰的果汁倒入蛋糖糊，以打蛋器攪拌均勻，再全部倒回鍋中。再度加熱至85℃，同時不斷攪打。此時質地應會變得濃稠，可裹覆湯匙表面。離火，加入瀝乾的吉利丁與奶油塊，以手持均質機均質成細滑均勻的奶霜狀。倒入扁平的大型容器中，以保鮮膜直接貼附表面，冷藏 12 小時。

泡芙麵糊
烤箱預熱至180℃。鹽、糖和奶油塊放入加了柳橙皮屑的牛奶和水中加熱融化，煮至沸騰離火，加入已過篩的麵粉。以木勺攪拌至麵團不沾粘鍋子後，倒入調理盆。快速打散蛋液，少量多次倒入麵糊中，混合至滑順柔軟。擠花袋裝上16齒花嘴，裝入一部分泡芙麵糊，在薄塗了奶油的烤盤上，擠出20條長15cm的泡芙麵糊。烘烤40～50分鐘，期間不可打開烤箱門。閃電泡芙烤熟時會呈現均勻的金黃色，且出現些微裂痕。放置室溫備用。

柳橙瑞可塔香緹鮮奶油
所有材料皆放入攪拌盆，以手持均質機均質至質地滑順均勻。攪拌機裝攪拌球，打發成香緹鮮奶油。

組裝
閃電泡芙的兩端斜切，從側面看應該會呈現梯形。擠花袋裝10號或15號圓形花嘴，從兩端切口充分填入柳橙奶霜。擠花袋裝上16齒花嘴，填入香緹鮮奶油，擠在閃電泡芙兩端作為裝飾。撒上糖粉，擺上柳橙果肉和皮屑點綴。

LES BÛCHES
樹幹蛋糕

---

4 道搭配精美圖片的配方

1 款經典配方   3 款創意變化

VANILLE
CHOCOLAT
MARRONS
et le
STOLLEN DE NOËL

香草樹幹蛋糕・巧克力樹幹蛋糕・栗子樹幹蛋糕・聖誕史多倫

經典配方的步驟分解圖
見第 172 ～ 173 頁

BÛCHE À LA VANILLE
香草樹幹蛋糕

製作時間
1 hr 40 mins

烘烤時間
9 mins

分量 8 人

蛋糕捲
- 蛋黃 40g
- 全蛋 100g
- 糖粉 70g
- 蛋白 60g
- 細白砂糖 20g
- 麵粉 60g

清爽香草奶餡
- 蛋黃 40g
- 細白砂糖 50g
- 玉米澱粉 20g
- 牛奶 190ml
- 香草莢 1 根
- 吉利丁片 5g
- 奶油 10g，切小塊
- 打發用鮮奶油 190ml

香草香緹鮮奶油
- 打發用鮮奶油 200g
- 馬斯卡彭乳酪 20g
- 糖粉 10g
- 1 根香草莢分量的香草籽

裝飾
- 乾燥香草粉
- 糖粉

工具
- 大型抹刀
- L 型抹刀
- 擠花袋
- 聖多諾黑花嘴

蛋糕捲
烤箱預熱至 180°C。攪拌機裝攪拌球，攪打蛋黃、全蛋和糖粉，拌入大量空氣。蛋糖糊呈均勻的慕斯狀後，倒入調理盆。用電動打蛋器以高速將蛋白和細白砂糖打發至緊實挺立，以矽膠刮刀將打發蛋白輕輕拌入蛋糖糊。接著少量多次倒入麵粉，再次輕柔地拌勻。在 30×40cm 的烤盤上鋪烘焙紙，倒入麵糊，以大型抹刀攤平。烘烤約 7 分鐘，至蛋糕頂部略微上色即可出爐。覆蓋濕布備用。

61. — Douilles pour décorer au cornet.

清爽香草奶餡
以少許冰水泡軟吉利丁。將全蛋、一半分量的糖和玉米澱粉攪打至顏色變淺。牛奶、剩餘的糖、香草籽及剖半取籽後的香草莢放入鍋中煮至沸騰。取出香草莢，將部分沸騰的牛奶倒入蛋糖糊，以打蛋器攪拌均勻，再全部倒回鍋中重新加熱。再度沸騰時續煮 2 分鐘，同時以打蛋器快速攪拌。離火，加入瀝乾的吉利丁與奶油，混合成細滑均勻的奶霜狀。倒入大型扁平容器中，以保鮮膜直接貼附表面，冷藏至完全冷卻後，打發成香緹鮮奶油，再倒進冰涼的香草奶醬中，以矽膠刮刀拌勻。冷藏備用。

香草香緹鮮奶油
攪拌機裝攪拌球，所有材料皆放入攪拌盆中，打發成香緹鮮奶油。

組裝 & 裝飾
見下頁的步驟分解

捲起抹上奶油內餡的蛋糕時，
一定要捲緊，使樹幹蛋糕維持形狀。
運用烘焙紙，就可做出形狀圓滾整齊的蛋糕捲。

1   2   3

組裝 & 裝飾

1. 小心撕去蛋糕上的烘焙紙，接著鋪上一張新的烘焙紙。

2. 將香草奶餡倒在蛋糕中央。

3. 使用 L 型抹刀將奶餡塗滿整個蛋糕表面。

4   5   6

4. 用雙手小心捲起蛋糕。

5. 藉由烘焙紙捲緊蛋糕，使其保持形狀，且造型規則漂亮。

6. 切除修整蛋糕捲的兩端，使成品俐落美觀，令人垂涎三尺。

7. 擠花袋裝聖多諾黑花嘴，沿著樹幹蛋糕上方擠出一道美麗的香緹鮮奶油。

8. 用小篩網在香緹鮮奶油上撒乾燥香草粉，最後再略撒糖粉即完成。

7   8

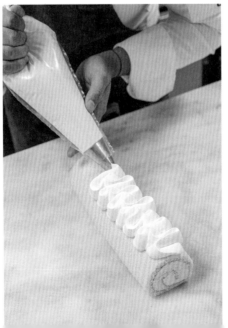

BÛCHE AU CHOCOLAT
巧克力樹幹蛋糕

製作時間	靜置時間	烘烤時間
1 hr 20 mins	12 hrs	7 mins

分量 8 人

櫻桃巧克力打發甘納許
（前一天製作）
- 打發用鮮奶油 ❶ 100g
- 吉利丁片 4g
- 黑巧克力 100g，切塊
- 冰涼的打發用鮮奶油 ❷ 210g
- 去核新鮮櫻桃 50g

巧克力蛋糕捲
- 蛋黃 40g
- 全蛋 100g
- 糖粉 70g
- 蛋白 60g
- 細白砂糖 20g
- 麵粉 100g
- 可可粉 20g

裝飾
- 糖漬酸櫻桃
  （cerises amarena）200g
- 可可粉適量

工具
- 抹刀
- 擠花袋
- 聖多諾黑花嘴

櫻桃巧克力打發甘納許
以少許冰水泡軟吉利丁。鮮奶油 ❶ 放入鍋中加熱，開始沸騰時離火，放入瀝乾的吉利丁，充分攪拌至完全融化。黑巧克力塊放入調理盆，淋上熱鮮奶油，以矽膠刮刀混合均勻，再倒入冰涼的鮮奶油 ❷ 混合。以手持均質機均質去核櫻桃至呈均勻的果泥狀，倒入先前混合好的巧克力鮮奶油，再次以手持均質機均質成柔滑的甘納許。保鮮膜直接貼附表面，放入冰箱冷藏至少 12 小時。

110. — Passoire dite chinois.

巧克力蛋糕捲
烤箱預熱至 180°C。攪拌機裝攪拌球，攪打蛋黃、全蛋和糖粉，拌入大量空氣。蛋糖糊呈均勻慕斯狀後，倒入調理盆。使用電動打蛋器，以高速將蛋白和細白砂糖打發至緊實挺立，以矽膠刮刀將打發蛋白輕輕拌入蛋糖糊。接著少量多次倒入事先過篩的麵粉和可可粉，再次輕柔地拌勻。在 30×40cm 的烤盤上鋪烘焙紙，倒入麵糊，以大型抹刀攤平。烘烤約 7 分鐘，至蛋糕頂部略微上色即可出爐。覆蓋濕布備用。

組裝 & 裝飾
瀝乾糖漬酸櫻桃。以電動打蛋器打發巧克力甘納許，直到質地緊實挺立。蛋糕放上工作檯，以 2/3 量的打發甘納許抹滿整個表面，冷藏備用。甘納許上擺放瀝乾的糖漬酸櫻桃（預留少許作為裝飾用）。小心捲起塗抹了餡料的蛋糕。用抹刀在蛋糕捲表面塗上薄薄一層甘納許，接著擠花袋裝上聖多諾黑花嘴，在蛋糕捲上橫向擠出舌形甘納許。撒滿可可粉，以幾顆糖漬酸櫻桃裝飾。也可視個人喜好，以少許金箔點綴。冷藏保存。

**巧克力和糖漬酸櫻桃的組合，
與另一道不凡的
經典甜點很相似，
那就是黑森林。**

BÛCHE AUX MARRONS
栗子樹幹蛋糕

製作時間	靜置時間	烘烤時間
1 hr 20 mins	12 hrs	7 mins

分量 8 人

栗子奶餡（前一天製作）
- 蛋黃 40g
- 細白砂糖 50g
- 玉米澱粉 2 小匙
- 全脂牛奶 200ml
- 吉利丁片 6g
- 奶油 50g，切小塊
- 栗子泥（purée de marron）160g
- 糖漬栗子醬
  （crème de marron）110g
- 深色蘭姆酒 2 小匙
- 打發用鮮奶油 300ml

栗子蛋糕捲
- 蛋黃 40g
- 全蛋 100g
- 糖粉 70g
- 蛋白 60g
- 細白砂糖 20g
- 栗子粉 60g
- 乾燥香草粉 5g

裝飾
- 罐頭栗子適量
- 可可粉適量
- 馬林糖適量

工具
- 溫度計
- 擠花袋
- 扁齒花嘴（douille chemin de fer）

栗子奶餡
以少許冰水泡軟吉利丁。將蛋黃、糖和玉米澱粉攪打至顏色變淺。牛奶放入鍋中煮至沸騰，取小部分滾燙的牛奶倒入蛋糖糊中，以打蛋器混合，再全部倒回鍋中繼續加熱，並以打蛋器不斷攪拌，直到溫度達85°C。如果沒有溫度計，煮至蛋奶液會裹住湯匙即可（手指劃過裹滿蛋奶液的湯匙，會留下清晰痕跡的程度）。離火後加入瀝乾的吉利丁和奶油塊，以手持均質機均質至質地均勻細滑。保鮮膜直接貼附表面，冷藏 12 小時。組裝蛋糕時在奶餡中加入蘭姆酒，並用矽膠刮刀拌開。將鮮奶油打發成香緹鮮奶油，然後輕輕與栗子奶餡混合。

栗子蛋糕捲
烤箱預熱至180°C。攪拌機裝攪拌球，攪打蛋黃、全蛋和糖粉，拌入大量空氣。蛋糖糊呈均勻的慕斯狀後，倒入調理盆。使用電動打蛋器，以高速將蛋白和細白砂糖打發至緊實挺立，並以矽膠刮刀將打發蛋白輕輕拌入蛋糖糊中。接著少量多次倒入栗子粉，再次輕柔地拌勻。在 40×30cm 的烤盤上鋪烘焙紙，倒入麵糊，以大型抹刀攤平。烘烤約 7 分鐘，至蛋糕頂部略微上色即可出爐。覆蓋濕布備用。

組裝 & 裝飾
將罐頭栗子切碎。小心撕去蛋糕上的烘焙紙，將蛋糕放上工作檯，倒上 2/3 的栗子奶餡（別忘了加入蘭姆酒和香緹鮮奶油）抹滿整個表面。奶餡上放碎栗子（預留少許作為裝飾用）。小心捲起塗抹了餡料的蛋糕。擠花袋裝上鋸齒花嘴，在樹幹蛋糕表面擠滿栗子奶餡，並撒滿可可粉。以預留的碎栗子和少許馬林糖裝飾。冷藏保存。

STOLLEN DE NOËL
聖誕史多倫

「我的外公、外婆來自阿爾薩斯，對他們來說，聖誕節的傳統可是大事！
史多倫是典型的阿爾薩斯聖誕蛋糕，這道甜點就是獻給他們的作品。」

分量 8 人

製作時間 45 mins
靜置時間 3 hrs 5 mins
烘烤時間 35 mins

史多倫麵團
- 科林斯葡萄乾
  （raisins secs de Corinthe）180g
- 蘭姆酒 50g
- T55 麵粉 250g
  ＋少許工作檯防沾用
- 牛奶 145ml
- 新鮮酵母 20g
- 鹽 5g
- 蛋黃 1 個
- 軟化奶油 40g
- 糖 30g
- 香料蛋糕綜合香料 8g
- 柳橙皮屑 1 顆的分量
- 檸檬皮屑 1 顆的分量
- 杏仁膏 150g

裝飾
- 澄清奶油適量
- 糖粉適量

67. — Boîte à glacer

史多倫麵團
葡萄乾泡熱水 15 分鐘，以濾勺充分瀝乾，接著浸泡蘭姆酒，備用。攪拌機裝攪拌勾，將葡萄乾和杏仁膏以外的食材攪拌 10 ～ 12 分鐘，直到麵團光滑均勻。加入瀝乾的葡萄乾，以慢速攪拌使葡萄乾均勻混入麵團中，以保鮮膜包起冷藏 2 小時。用手按壓麵團排出氣體。工作檯略撒麵粉防沾，將麵團擀成 12×20cm，麵團長邊朝向自己。杏仁膏整理成 20cm 的粗長條，放在麵團中央，將下半部的麵團往上翻蓋住杏仁膏，再將上半部的麵團往下拉，整個包住杏仁膏。烤盤鋪烘焙紙，放上史多倫，注意麵團黏合處要朝下。靜置室溫 40 分鐘。烤箱預熱至 180°C，放入史多倫烘烤 35 分鐘。

使用含 50% 杏仁成分
的杏仁膏，
史多倫的風味更佳。

裝飾
將史多倫靜置在網架上冷卻 10 分鐘，接著浸入澄清奶油。完全冷卻後再撒上糖粉。

傑弗瑞・卡尼、多菲家族，
以及史托雷糕點店的團隊。

掃描 QR code，
觀看主廚傑弗瑞‧卡尼的實做影片
（書中以下底線標示之步驟）。

C'est bon 13
巴黎百年名店史托雷：主廚傑弗瑞‧卡尼甜點之書
LE LIVRE DE PÂTISSERIE STOHRER PAR JEFFREY CAGNES

原著書名 —— LE LIVRE DE PÂTISSERIE STOHRER PAR JEFFREY CAGNES
原出版社 —— Hachette Livre
作者 —— 傑弗瑞‧卡尼（Jeffrey Cagnes）
攝影 —— 馬汀‧布魯諾（Martin Bruno）、亞歷山德‧奎爾金格（Alexandre Guirkinger）

譯者 —— 韓書妍　審定 —— Ying C. 陳穎　企劃選書 —— 何宜珍　責任編輯 —— 鄭依婷　特約編輯 —— 向豔宇　版權 —— 吳亭儀、江欣瑜　行銷業務 —— 周佑潔、賴玉嵐、林詩富、吳藝佳、吳淑華　總編輯 —— 何宜珍　總經理 —— 彭之琬　事業群總經理 —— 黃淑貞　發行人 —— 何飛鵬　法律顧問 —— 元禾法律事務所 王子文律師　出版 —— 商周出版　115台北市南港區昆陽街16號4樓　電話：（02）2500-7008　傳真：（02）2500-7579　E-mail：bwp.service@cite.com.tw　Blog：http://bwp25007008.pixnet.net./blog　發行 —— 英屬蓋曼群島商家庭傳媒股份有限公司城邦分公司　115台北市南港區昆陽街16號8樓　書虫客服專線：（02）2500-7718、（02）2500-7719　服務時間：週一至週五09:30-12:00；13:30-17:00　24小時傳真專線：（02）2500-1990；（02）2500-1991　劃撥帳號：19863813　戶名：書虫股份有限公司　讀者服務信箱：service@readingclub.com.tw　城邦讀書花園：www.cite.com.tw　香港發行所 —— 城邦（香港）出版集團有限公司　香港九龍土瓜灣土瓜灣道86號順聯工業大廈6樓A室　電話：（852）2508-6231　傳真：（852）2578-9337　E-mail：hkcite@biznetvigator.com　馬新發行所 —— 城邦（馬新）出版集團〔Cite（M）Sdn Bhd〕41, Jalan Radin Anum, Bandar Baru Sri Petaling, 57000 Kuala Lumpur, Malaysia.　電話：（603）9056-3833　傳真：（603）9057-6622　E-mail：services@cite.my　封面設計 —— copy　內頁編排 —— copy　印刷 —— 卡樂彩色製版印刷有限公司　經銷商 —— 聯合發行股份有限公司　電話：（02）2917-8022　傳真：（02）2911-0053

2024 年 08 月 27 日初版
定價 1400 元　Printed in Taiwan　著作權所有，翻印必究　城邦讀書花園 www.cite.com.tw
ISBN 978-626-318-697-2
ISBN 978-626-318-698-9（EPUB）

線上版讀者回函卡

國家圖書館出版品預行編目（CIP）資料　巴黎百年名店史托雷：主廚傑弗瑞‧卡尼甜點之書
傑弗瑞‧卡尼（Jeffrey Cagnes）著；
韓書妍譯．-- 初版 .-- 臺北市：商周出版：英屬蓋曼群島商家庭傳媒股份有限公司城邦分公司發行，
2024.09　184 面；19x26 公分　譯自：LE LIVRE DE PÂTISSERIE STOHRER PAR JEFFREY CAGNES
ISBN 978-626-318-697-2（精裝）　1. CST：點心食譜　2. CST：法國　427.16　112006804

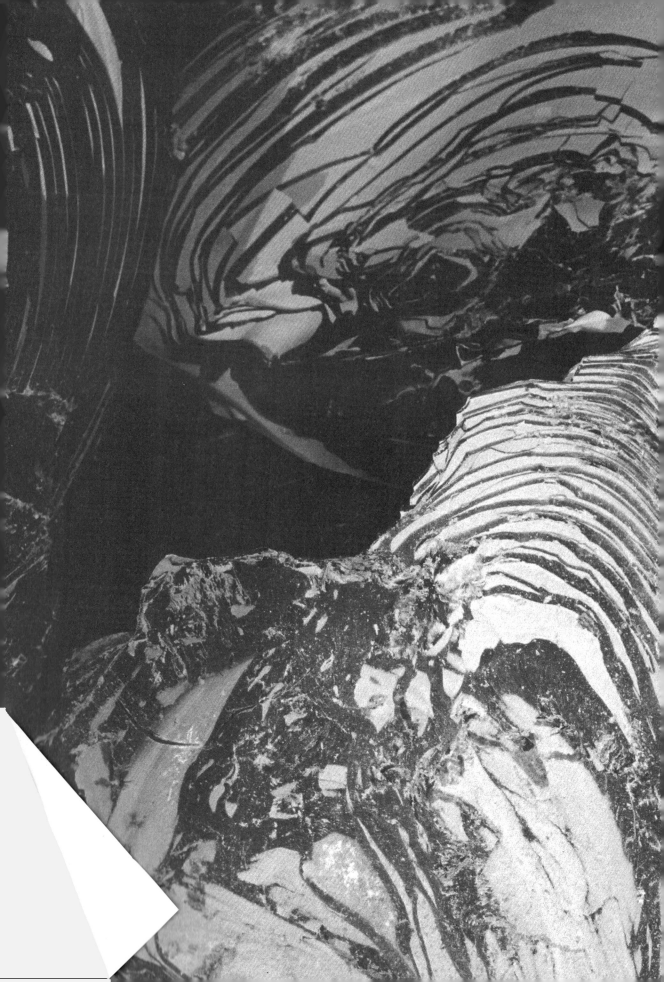